U0064467

費曼物理學講義 III
量子力學
1 量子行為

The Feynman Lectures on Physics
The New Millennium Edition
Volume 3

By Richard P. Feynman,
Robert B. Leighton, Matthew Sands

高涌泉　譯

The Feynman

費曼物理學講義 III
量子力學

1 量子行為　　目錄

第1章
量子行為　　37

The Feynman

費曼物理學講義 III

量子力學

1 量子行為

2 量子力學應用

關於理查・費曼

1918 年，理查・費曼（Richard Phillips Feynman）誕生於紐約市布魯克林區。 1942 年，他從普林斯頓大學取得博士學位。第二次世界大戰期間，他在美國設於新墨西哥州的羅沙拉摩斯（Los Alamos）實驗室服務，參與研發原子彈的曼哈坦計畫（Manhattan Project），當時雖然年紀很輕，卻已是計畫中的要角。隨後，他任教於康乃爾大學以及加州理工學院。 1965 年，他以量子電動力學方面的成就，與朝永振一郎（Sin-Itiro Tomonaga, 1906-1979）、許溫格（Julian Schwinger, 1918-1994）二人共獲諾貝爾物理獎。

費曼博士獲得諾貝爾獎的原因是量子電動力學成功的解決了許多問題，他也創造了一個解釋液態氦超流體現象的數學理論。他然後跟葛爾曼（Murray Gell-Mann, 1929- ，諾貝爾物理獎 1969 年得主）合作，研究弱交互作用，例如 β 衰變，做了許多奠基工作。費曼後來提出了在高能質子對撞過程的成子（parton）模型，成為發展夸克（quark）模型的關鍵人物。

在這些重大成就之外，費曼將一些基本的新計算技術跟記號，引入了物理學，尤其是幾乎無所不在的「費曼圖」。在近代科學史上，費曼圖和任何其他理論形式相比，可能使人們思考以及計算基本物理過程的方式改變最劇。

　　費曼是一位非常出色的教育家，在他一生眾多的獎賞中，1972年所獲的厄司特教學獎章（Oersted Medal for Teaching）特別令他驕傲。《費曼物理學講義》這套書最初發行於 1963 年，有位《科學美國人》雜誌的書評家稱該書「……真是難啃，但是非常營養，風味絕佳。即使是已出版了二十五年，它仍是教師及最優秀入門學生的指南。」為了增長一般民眾對於物理的瞭解，費曼博士寫了一本《物理之美》（*The Character of Physical Law*）以及《量子電動力學——光與物質的奇異理論》（*Q.E.D.: The Strange Theory of Light and Matter*）。他還出版了一些專精的論著，成為後來物理研究者與學生

的標準參考書跟教科書。

　　費曼也是一位有功於公眾事務的人。他參與「挑戰者號」太空梭失事調查工作的事蹟，幾乎家喻戶曉，尤其是他當眾證明橡皮環不耐低溫的那一幕，是非常優雅的即席實驗示範，而他所使用的道具不過冰水一杯！比較鮮為人知的例子，是費曼在 1960 年代初期在加州課程委員會的工作，他當時不滿的指出小學教科書之庸俗平凡。

　　僅僅重複敘說費曼一生中，於科學上與教育上的無數成就，並不足以說明他這個人的特色。正如任何讀過即便是他最技術性著作的人都知道，他的作品裡外都散發著他鮮活跟多采多姿的個性。在物理學家正務之餘，費曼也曾把時間花在修理收音機、開保險櫃、畫畫、跳舞、表演森巴鼓、甚至試圖翻譯馬雅古文明的象形文字上。他永遠對周圍的世界感到好奇，是一位一切都要積極嘗試的模範人物。

　　費曼於 1988 年 2 月 15 日在洛杉磯與世長辭。

修訂版序
費曼最寶貴的遺產

索恩

　　四十多年前，費曼教了一次（為時兩年）大學新生的物理學入門課程，他的講稿隨後付梓出書，成為三大卷的《費曼物理學講義》。這四十年來，儘管我們對物理世界的瞭解已經改變了很多，然而由於費曼獨到的物理見解及教學方法，這套書的內容居然歷久彌新，震撼力量強大依然。這套講義風行全球物理學界，從初窺門檻到學有專精者，皆用心研讀。它至少被翻譯成十幾種外國文字，而英文版至今已印行超過一百五十萬套。以其衝擊之廣泛、長久，或許沒有其他物理書籍能出其右。

　　這部新的《費曼物理學講義》（修訂版）與以往的版本有兩點不同，其一是原版本中所有已知錯誤，在這最新版本中都已修正，其二是增添了第四卷，名為《費曼物理學訣竅——費曼講義解題附錄》（*Feynman's Tips on Physics: A Problem-Solving Supplement to the Feynman Lectures*）。這本《附錄》收錄了原來費曼課程中未被放進原版本的四次演講：其中三篇討論解題方法、另一篇是關於慣性導引。再加上一套當年由費曼的同事羅伯・雷頓（Robert B. Leighton）與沃革特（Rochus Vogt）所準備的習題及答案。

版本淵源

　　最初出版的三卷《費曼講義》是由費曼與同事羅伯‧雷頓以及山德士（Matthew Sands）合作，在極短時間內，根據費曼 1961～63 年的講堂實況錄音及黑板照片，彙整擴充而成。[1] 在這種情況下，錯誤自然就無可避免的溜了進來。在往後的歲月裡，費曼收集了許多別人宣稱找到的錯誤，這些錯誤是由加州理工學院的師生，以及世界各地的讀者所發現的。1960 年代到 1970 年代早期，費曼曾在百忙中抽空，核對了第 I、II 卷中多數為人指出的錯誤，並把修正結果陸續插入隨後加印的新書之中。然而他的責任感從沒有超越自己對於發現新鮮事的熱忱，所以他一直沒有花時間去處理第 III 卷的錯誤。[2] 費曼在 1988 年不幸去世後，那些尚未由他親自查核的錯誤清單便存放在加州理工學院的檔案室而遭人遺忘。

　　2002 年，拉夫‧雷頓（Ralph Leighton，已故的羅伯‧雷頓之子，同時也是費曼好友）來告訴我書中錯誤之事，並且說他有位朋友，名叫高利伯（Michael Gottlieb），另外整理了一長串新發現的錯誤。拉夫‧雷頓建議由加州理工學院出面製作一套《費曼講義》的新修訂版，將舊版的錯誤全部更正過來，而且在發行時另外加上一

[1] 原注：關於費曼開講到成書的來龍去脈，請參閱本書之專序、費曼自序及前言等文（各卷中的第 1 冊皆有），以及《附錄》裡所收錄的山德士回憶錄。

[2] 原注：1975 年間，費曼曾一度開始核對第 III 卷的錯誤，不料突被其他事務打斷，而未能完成這項工作，所以第 III 卷的錯誤也就一直未修訂。

卷由他和高利伯所編輯的《附錄》。其中拉夫・雷頓希望我幫忙兩件事，一是審閱《附錄》中由高利伯整理的四篇費曼講稿，以免出現任何物理錯誤，二是取得院方同意，讓這本《附錄》跟三卷《修訂版》合併發行。

費曼是我的英雄，而且是至交好友，當我看到那些書中錯誤清單以及《附錄》內容時，即刻答允全力幫忙。而且幸運的是，我心中正好有一位可以檢視錯誤以及《附錄》裡物理觀念的理想人選：哈寶（Michael Hartl）博士。

那時哈寶剛從加州理工學院修得物理博士學位，曾獲得大學部學生選拔的「優良教師終生成就獎」。以校內研究生身分榮獲該獎，他是破天荒的第一人。哈寶深諳物理學，是我所識的人之中，最一絲不苟的物理學家之一，而且他和費曼一樣，也是一位傑出教師。

於是我們達成協議：由拉夫・雷頓跟高利伯編寫《附錄》（他們的表現極出色），雷頓與高利伯會獲得費曼子女卡爾和米雪的授權，因為他們擁有這四篇講稿的著作權，要落實該計畫，必須由他們正式授權。同樣的，擁有《附錄》中的練習題跟解答部分著作權的沃革特與拉夫・雷頓本人也會授權。而拉夫・雷頓、高利伯、跟卡爾及米雪，也同意把《附錄》內容的最後增刪權交給我。加州理工學院院方，由物理、數學及天文系的系主任湯布里羅（Tom Tombrello）代表，授權給我全面負責這部《修訂版》的修訂工作，同時也同意讓《附錄》跟《修訂版》一起發行。

所有相關人士都同意由哈寶代表我，仔細修訂《修訂版》其中的錯誤，並且編審《附錄》中物理的內容及風格。而我則是隨機抽查哈寶的工作，並負責所有四卷最後定稿。最後由艾迪生・維斯理（Addison-Wesley）出版社完成全部出版計畫。

我很高興最後一切都順利完成！我相信費曼會很欣慰、對成品引以爲傲。

錯誤修正部分

這個版本中所修正的錯誤來源有三：約百分之八十來自高利伯；剩下的百分之二十中，大部分源自一位匿名讀者，他在 1970 年代初期，經由出版社轉手，交給了費曼一大張錯誤清單；最後剩下的則是由各地讀者提供給費曼或我們的一些零碎錯誤。

已修訂的錯誤主要分三種類型：

(1) 內文中排版印刷上的錯誤；(2) 方程式、表格及圖中，約 150 個排版及數學上的錯誤，包括錯誤的正負號誤用、數字不正確（譬如，原本應該是 4 的地方，誤印爲 5）、以及方程式中漏掉的下標、總和符號、括號、及項數等等；(3) 50 處左右的錯誤指引，指認錯了章節及圖表。這類錯誤對於成熟的物理學家來說並不嚴重，但對於費曼視爲主要對象的年輕學子來說，卻會造成許多不必要的挫折感跟困擾。

在這麼多的錯誤之中，跟物理有關的疏忽居然只有兩個：其一是在第 I 卷第 45 章中，改正之後爲：「我們把一條橡皮筋拉長時，發現它的溫度會**上升**」，而非原來的「下降」。其二則是在第 II 卷的第 5 章中，現在是：「……在一閉合且接地的導體內的任何電荷靜電分布，不會在導體外產生任何電場」（其中「接地」一詞在原來版本中不幸被省略掉了）。

這第二個錯誤曾經有好多名讀者向費曼反映過，其中包括了威廉與瑪莉學院（The College of William and Mary）的學生考克斯（Beulah Elizabeth Cox），她在一次考試中引用了這錯誤的說法，使得費曼在 1975 年爲這件事寫了一封信給考克斯，[3] 其中說：「你的老

師沒給你分數是正確的，因為你的答案錯了。他不是已經利用了高斯定律證明給你看了？在科學上，你應該相信嚴謹的邏輯和仔細的論證，而不要相信權威。你確實很正確的讀了我的書，也瞭解書的內容。我弄錯了，所以書上的敘述是不對的。我當時所想的，可能是一個接了地的導體圓球，或者是在導體內將電荷移動到另外一個地方並不會影響到外面的東西這件事實。我現在已經記不得當時在想些什麼。但我弄錯了。你因為相信我，也跟著受害。」

當費曼知道這個錯誤跟其他錯誤時，心裡並不舒服。在他 1975 年寫給出版社的一封信內曾提到：「在第 II 卷跟第 III 卷中，有些錯誤不只是排版之誤。」我不知道還有什麼其他錯誤。尋找它們倒是可以做為未來讀者的一項挑戰！高利伯為此特地架設了一個網站（www.feynmanlectures.info），上面記載著這個版本中更正的全部錯誤，以及未來讀者可能發現的任何新錯誤。

附 錄

《費曼物理學訣竅》確是魅力四射的第四卷，它的重點就是恢復費曼自序中所提到的那四堂課：「我的確在第一年課程裡用了三堂課來講解如何解題，但它們沒有被收錄進書內。另外還有一堂課談到慣性導引，照理應該是放在旋轉系統那一講的後面，卻不幸被遺漏掉了。」

高利伯和拉夫・雷頓合作，依照四十年前拉夫的父親跟山德士

---

³ 原注：見《費曼手札──不休止的鼓聲》（*Perfectly Reasonable Deviations from the Beaten Track*）。（中文版由葉偉文譯，天下文化出版，見第 439～440 頁。）

的老辦法，將那四堂課的講堂錄音和黑板照片轉換成了《附錄》中的文字。和四十年前不同的是，他們沒有當年的緊迫時間壓力，可是費曼已然不在，無法由他親自審閱寫成的文稿，所以只好由三位原作者中的山德士扮演當年費曼的角色，提供高利伯建議，最後由哈寶和我做最後審訂。所幸高利伯很高明的將費曼的四堂課呈現在紙上，讓審校工作非常輕鬆。這四篇「新」講義讀來非常有趣，尤其是其中費曼建議班上後半段的同學應該如何自處的那些段落。

《附錄》中除了這四篇「新」講義外，還收錄了一篇同樣讀來愉快的山德士回憶錄，追憶四十三年前《費曼物理學講義》成書的往事，以及一套很棒的習題及解答。這些習題與解答是 1960 年代中期，由羅伯・雷頓與沃革特設計用來與《費曼物理學講義》搭配的教學工具。物理系同事中有幾位加州理工學院畢業的，在學生時期曾從頭到尾做過這套習題，他們告訴我說這些習題及解答設計完善、非常有用。

版本結構

《修訂版》開頭的正文前部分，以羅馬數字做為頁碼。這是「現代」開始的做法，但是比本書的初版晚了很多。這部分包括一篇簡短的費曼小傳、我的這篇序文、以及一篇專序。專序是 1989 年由紐格包爾（Gerry Neugebauer）以及古德斯坦（David Goodstein）合寫（紐格包爾曾參與這套書最早版本的編輯工作，古德斯坦為《力學世界》課程與影片的作者與製作人）。接下來的正文部分則是另以阿拉伯數字 1、2、3……做為頁碼，正文部分除了已修訂的錯誤之外，其內容跟初版完全一致。[4]

對費曼講課之回憶

這三卷《費曼物理學講義》是一套完備的普通物理學教科書。此外它們也是費曼在 1961～1963 年講授課程的歷史紀錄。當時加州理工學院要求所有大學部的一、二年級學生，無論主修什麼科系，都必須修習這門課程。

讀者看到這兒也許會像我一樣，很想知道費曼講課對學生們的衝擊究竟如何。費曼在這套書的自序裡，給了一個相當負面的看法，他寫道：「我認為就學生的觀點看，我並不是太成功。」而古德斯坦跟紐格包爾在他們所寫的 1989 年專序裡面，認為結果是好壞參半。然而山德士為這本新《附錄》所寫的回憶錄裡面，則表示了一個遠為正面的看法。

我出於好奇，在 2005 年春天，從 1961～63 年上過費曼物理課的班級，準隨機的選出了 17 位學生（總數約 150 人左右），以電子郵件或面談方式跟他們連絡，其中有人當年修習該門課程時遇到極大困難，也有人輕鬆取得高分過關。他們的主修科目分別有生物、化學、工程、地質、數學及天文、還有物理。

或許是流逝的歲月為他們的記憶增添了歡樂色彩，在我訪問過的學生裡面，約有百分之八十認為，費曼物理課是他們記憶裡大學生活中最精采、最有趣的部分。

以下是一些回應：「上費曼的課，像是上教堂。」整個課程就是「一個轉變人生的經驗。」「這門課是一生中最重要的一次經歷，也許是我從加州理工學院獲得的最重要東西。」「我主修生物，但費曼的物理課是我的大學教育中非常重要的經驗……雖然我

---

⁴ 中文版注：中文版全書以阿拉伯數字做為頁碼，與原版不同。

必須承認，當時他交代下來的課後作業我都不會做，所以幾乎從未交過作業。」「我大概是班上程度最差、最沒指望拿到好成績的學生，但是我每堂必到，從未缺席……我現在仍然記得、也能夠感覺到費曼語調中那種發現東西的樂趣……他的課有著一種……感情上的衝擊，也許他的講課印成書後，這個衝擊便消失啦。」

相對的，也有幾位學生表達了負面的印象，主要原因有二：

(1)「聽他的課並不能學到如何做習題。費曼過於滑頭——他知道種種訣竅以及可以用什麼近似。而且具有基於經驗跟天才上的直覺，剛入學的新生沒有這些本事。」其實，費曼跟他的同事們不是不知曉這個缺陷，他們也想了辦法去補救，其中一部分就是這次被併入《附錄》的羅伯・雷頓—沃革特習題與題解，以及費曼的三堂解題課。

(2)「由於不能預知下一堂課要討論的範圍，帶給了學生不安全感。而沒有跟演講內容有關的教科書與參考書可用，使得我們無法預習而感覺非常挫折……雖然在講堂裡我認為他教得非常出色、而且也很容易就能聽懂，但是一走出教室（當我回想著要把細節重組起來時），它們就變得像梵文一樣讓我漫無頭緒了！」當然，這個問題自從有了三卷《費曼物學講義》之後、已不再是個問題。數十年來，它們不但是加州理工學院學生的入門教科書，如今且已成為費曼最偉大的遺產之一。

誌　謝

首先這部《費曼物學學講義》的修訂版之所以能成為事實，關鍵人物有三位：拉夫・雷頓跟高利伯的發起及熱心推動，以及哈寶細心改正錯誤的出色工作。此外，我得謝謝高利伯及許多無名讀者，書中的修正都是根據他們所提供的錯誤清單。最後我還得謝謝

湯布里羅、沃革特、紐格包爾、哈托（James Hartle）、卡爾‧費曼、米雪‧費曼、以及布拉克（Adam Black）等人的支持、建議、以及對於整個計畫的貢獻。

索恩（Kip S. Thorne）
理論物理費曼講座教授
2005 年 5 月於加州理工學院

紀念版專序

最偉大的教師

古德斯坦、紐格包爾

費曼教授垂暮之年，他的盛名早已超越科學的藩籬。他在擔任「挑戰者號」太空梭失事調查委員會成員期間的成就，帶給他廣泛的新聞曝光機會。同樣的，一本關於他早年遊蕩冒險經歷的暢銷書，則使得他成為一位幾乎與愛因斯坦齊名的民間英雄。但是早在1961年，或是在他因為榮獲諾貝爾獎（1965年）而在大眾心目中知名度起飛之前，費曼在科學界已經不只是著名而已，簡直就是傳奇人物了。當然，他在教學上那極為出色的本事也有助於傳播並充實了理查·費曼的傳奇。

他是一位真正偉大的教師，很可能是他自己那個時代以及我們這個時代的教師中最偉大的一位。對費曼來說，講堂就是戲院，教師就是演員，在負責傳遞事實與數據之餘，還必須提供戲劇性場面和聲光效果。他會在教室前面來回走動，同時揮舞著雙臂。

《紐約時報》曾這麼報導：「他是理論物理學家加上馬戲班的吆喝招徠員的一個不可思議的組合。各式各樣的肢體語言與聲效，能用的全給他用上啦！」。不論他的演講對象是學生、同事或是一般民眾，對於有幸親身見識費曼演講的人來說，這種經驗通常都是不同凡響的，而且是永難忘懷的，就像費曼本人給人的印象一樣。

只此一家，別無分號

費曼是創造高度戲劇效果的高手，很能吸引講堂中每一位聽眾的注意力。許多年以前，他開了一門高等量子力學課，聽講人數眾多，其中除了少數幾個註冊修學分的研究生之外，幾乎整個加州理工學院的物理教師全到齊了。有一堂課，費曼開始解釋如何用圖畫來代表某些複雜的積分：這根軸代表時間，那根軸代表空間，一條扭動的線取代了這條直線，等等。在描述完一幅物理學裡所謂的費曼圖後，他轉過身來，面對著滿屋子聽眾，一臉頑皮的露齒而笑，大聲說道：「而這就是那鼎鼎有名的圖！」費曼說的這句話，就是該場演講的結尾，整間講堂立即爆出轟然掌聲。

在他如期教完一次加州理工學院大學部新生的物理課程，並隨即把所講解的內容編輯成了這部教科書《費曼物理學講義》之後，在很多年內，費曼仍不時應邀到新生物理課去客串講課。當然，每回他去開講，事前都得嚴守祕密，免得屆時講堂過分擁擠，修課的學生反而找不到位子。

有一回費曼去演講彎曲時空，他的表演照常是非常傑出的，只是這一次，令人難忘的一幕出現在演講的開場白裡面。當時超新星 1987 剛被人發現，費曼異常興奮。他說：「第谷（Tycho Brahe, 1546-1601）有他的超新星，刻卜勒也有他的超新星。接下來四百年，再也沒有其他超新星出現，如今，我終於也有了我的超新星！」

此時，教室裡是一片寂靜，費曼接著說：「我們這個銀河系裡面，一共有 10^{11} 顆恆星。以前這算得上是一個**巨大**的數字，但也不過是一千億而已，其實它還比我們政府的赤字來得少！我們以前總把很大的數目稱為天文數字，現在我們應該稱之為經濟數字才

對。」一時之間,整間教室籠罩在一片笑聲之中。而費曼在抓住了聽眾之後,就開始講他的正課。

先想清楚:學生為何要上這門課?

費曼的表演不論,他的教學技巧倒是非常簡單。在加州理工學院的檔案裡,夾雜在他的論文中間,我們找到他對教學哲學所作的總結。這是他在 1952 年間,在巴西寫給自己的一張字條,上面寫著:

第一件事是先想清楚,你為什麼要學生學習這門課,以及你要他們知道哪些東西。只要想清楚了這些事,則大致上憑常識就能知道該用什麼方法。

而費曼經由「常識」的啟發所得到的結果,往往是非常高明的訣竅,完美抓住了他要表達的重點。有一回公開演講,他試圖向聽眾解釋,為什麼根據一組實驗數據推想出一項觀念後,我們絕對不能再用這一組數據來驗證這項觀念是否屬實。在講解這個原則時,費曼居然開始談起汽車牌照,好像他漫不經心偏離了主題。他說:「你們可知道,今晚有件絕頂奇妙的事情發生在我身上。在我來此講課的路上,從停車場經過。你們決想不到會發生這樣巧的事,我看到一部車,車牌號碼是 ARW357。你想想看,加州全境內的車牌為數何止數百萬。在那麼多的車牌裡面,今晚能夠看到這個特殊的車牌號碼,機率會是多少呢?真是稀奇吧!」透過費曼出色的「常識」,一個讓許多科學家覺得棘手的觀念,立刻一清二楚。

費曼在加州理工學院服務的三十五年間(從 1952 到 1987 年),費曼共開過三十四門課。其中有二十五門屬高等研究生課

程，按規定只讓研究生選修，大學部的學生則得先提出特別申請，獲准之後才能選修（不過實際情形是經常有大學生申請，也幾乎每個申請人都獲得批准），其他的課多是研究生的入門課程。只有一次的課，是純粹以大學部學生為對象，那是在 1961 ~ 1962 和 1962 ~ 1963 兩個學年內，以及 1964 年有一段短暫的重複。所以事實上他只在這一段著名的期間教過大一、大二物理，當時所講的講稿內容，就變成了後來的《費曼物理學講義》。

在那個時候，加州理工學院有個共識，認為大一、大二學生對必修的兩年物理課程，大都感到枯燥乏味，而不是受到激勵。為了彌補這個缺失，校方要求費曼重新設計一套兩年連續課程，從大一開始上，大二接著繼續上一年。當他同意接下這項任務之後不久，大家又決定，課程講義應該整理出版。

可是沒有人預料到這件差事會有多麼困難。如要拿出能夠印行的書，費曼的同事必須下極大的功夫，費曼自己也得如此，因為每章最後定稿仍得由他來完成。

課程的種種細節必須仔細處理，但是由於費曼事先對於他要討論的內容只有個大略的綱要，使得課程的事務變得非常複雜。這意味著在費曼站到講堂前面，面對滿座的學生開口之前，沒有人知道他會講些什麼。幫助他的加州理工學院的教授們在課後就得立即處理一些俗務，譬如針對他的演講設計一些作業等等。

讓物理學改頭換面

為什麼費曼願意花費兩年多的時間，來改革物理學入門課的教學？他從未與人說過，我們也只能猜測，不過大概有三個基本原因。首先是他喜愛有一堆聽眾，而大學部的課程和研究所的課相比，舞台更大，聽眾更多。其次是他的確由衷關心學子，認為教導

大一學生是重要的事。第三，也可能是最重要的一點，就是單純基於接受這項挑戰的樂趣。他要把物理學按照他本人所瞭解的，改頭換面一番，讓年輕學子容易接受。

這最後一點正是他的看家本領，也是他用來判斷事情是否真正弄清楚了的客觀標準。有一次，一位加州理工學院的教授向費曼請教何以自旋（spin）1/2 粒子必須遵守費米－狄拉克統計（Fermi-Dirac statistics）。費曼很瞭解對方的程度，所以就說：「我會準備一回大一程度的演講來解釋這個問題。」可是過了沒幾天，費曼去找那位教授，告訴他說：「真抱歉，我已經試過了，但是一直無法把它簡化到大一的程度。也就是說，我們其實還不瞭解為什麼是這樣。」

費曼把深奧的觀念化約成簡單易懂的說法，在《費曼物理學講義》這部書中顯露無遺，尤以他處理量子力學的方式最能表現這種本事。對費曼迷來說，他所做的再清楚不過，他把路徑積分教給剛入門的學生。這個方法是他自己創造出來的，讓他得以解決一些物理學裡最深奧的難題。費曼運用路徑積分所獲得的研究成果，加上一些其他成就，為他贏得了 1965 年的諾貝爾物理獎。那一年的共同得獎人是許溫格（Julian Schwinger）與朝永振一郎（Sin-Itiro Tomonaga）。

《費曼物理學講義》的價值

雖然時間上已經超過了三十年，許多當年上過他這門課的學生與教授說，跟著費曼學兩年物理是一輩子忘不了的經驗。但這是多年之後的回憶，當時人們的印象似乎並非如此。許多學生害怕這門課。課程進行中，修課的大學部學生出席率開始大幅降低，但同時也有愈來愈多的教授和研究生跑去聽課。教室仍坐滿了人，但費曼

很可能一直不知道，他原來設想的聽眾漸漸減少了。

　　不過即使費曼不知道聽眾已經換了一批，他也覺得自己的教學效果不是頂好。他在 1963 年為《費曼物理學講義》寫序，裡面說：「我認為就學生的觀點看，我並不是太成功。」當我們重新閱讀這部書時，有時我們似乎感覺到費曼本人正站在我們背後指指點點，他的對象不是那些年輕的學生，而是物理同儕。費曼好像在說：「仔細看清楚！看我這個巧妙的講法！那不是很聰明嗎？」雖然他認為已經對那些大一或大二生把一切都解釋得夠清楚了，事實上，從他的演講中受益最多的一群並不是那些大學新生，而是他的同行，包括科學家、物理學家、大學教授，他們才是費曼這項偉大成就的主要受益對象，他們學到的正是費曼鮮活的觀點。

　　費曼教授不只是一位偉大的教師，他的天賦在於他是一位非凡的老師們的老師。如果他講授費曼物理學的目的，只是為了教育一屋子大學部學生去解答考卷上的問題，我們不能說他有任何特別成功之處。此外，如果他的目的是為了寫一套大學入門教科書，我們也不能說他非常圓滿的達成了目標。

　　但無論如何，這套書目前已經被翻譯成十種外國語文，另有四種雙語版本。費曼自己相信，他對物理學最重要的貢獻不會是量子電動力學，也不是超流體氦的理論，或極子（polaron）或成子。他這輩子最重要的貢獻就是那三紅本《費曼物理學講義》。他本人這個信念，讓我們有充分的理由來出版這套名著的紀念版。

古德斯坦（David L. Goodstein）

紐格包爾（Gerry Neugebauer）

1989 年 4 月於加州理工學院

費曼序

　　本書的內容是前年跟去年，我在加州理工學院對大一和大二同學的物理課演講。當然，書中內容並非當時演講的逐字紀錄，其間或多或少經過了一些編輯。這些演講只是整個課程的一部分。修課的學生共有 180 位，他們一週兩次聚在一間大講堂內，聆聽這些演講。課後，這些學生就分散成許多小組，每組約有 15 到 20 位學生，在助教的指導下作複習。此外，每週還有一次實驗課。

　　這些演講的用意原是爲了解決一個滿特殊的問題，這個問題就是如何維持大學新生對物理的興趣。他們從高中畢了業，進到加州理工學院來上大學，對物理非常熱中，又相當聰明。他們入學之前已經聽說過物理這門科學是多麼的刺激有趣，裡面有相對論、量子力學、以及各式各樣的時髦觀念。

　　不過他們在修了兩年的舊物理課程之後，許多同學就已經變得非常沮喪。因爲從那種課程裡面，他們很少聽到了不起的現代新觀念。他們所學習的淨是些斜面、靜電學之類的東西。兩年下來，同學們反而變得麻木了。因此當時我們所面對的問題是：能否設計出另一套新課程來，以便使得程度較高、較有興致的同學維持其熱忱。

　　這些演講絕對不是一般性的物理學介紹，而是很嚴謹的。我想

要把班上最聰明的同學當作對象，但即使最聰明的同學，也無法完全瞭解演講中提到的每一件事，我想在可能範圍下儘量做到一件事，那就是在主題探討之外，提一下想法與觀念在各種情況下可能有的應用。所以我下了很大的功夫，務必使所有的說明都儘可能的精確，並且在每個情況下，隨時提醒同學，所提到的方程式和觀念如何放進物理架構中，以及他們在學了更多的知識之後，這些觀念可能得如何修正。

同時我還認為，教育優秀的學生，重點是要讓他們瞭解什麼是他們應該可以從過去所學的東西推導出來的，而什麼又是全新的概念，只要他們足夠聰明。每回遇到不一樣的觀念，如果它是可以推導的，我就會設法推導給大家看。否則我就會告訴同學，它**的確是**個嶄新的觀念，是加進來的東西，不能用以前學過的觀念來討論，所以是不能證明的。

鎖定積極進取的學生

在開始講這些課時，我假定同學離開高中之前，已經具備某些基本知識，例如幾何光學、簡單的化學觀念等等。另外我也不認為有任何理由，須把所有演講安排成一定的次序。也就是說，如果演講內容有一定的順序，那麼我在仔細討論某個概念之前，就不允許先去提到它。事實上，我會在沒有完整說明的情況下，多次先去提到以後要講的東西，然後等到一切準備妥當、時機成熟後，才進一步做詳盡的討論。例如電感、能階的討論，首先都有一些定性的介紹，以後才會比較完整的去講解。

儘管我把講課主要對象鎖定為班上比較積極進取的同學，我希望也能兼顧到另一類同學。對他們來說，課程中那些額外的煙火以及附帶的應用，只會讓他們不安。我不期待這些同學能夠學會大半

的演講內容。我的講演至少有個他**可以**理解的核心或基礎材料。我希望他們不要因為不能完全聽懂我的講演，而緊張起來。我不期待他們能夠瞭解一切，而只是要他們能弄清楚其中最重要、最直截了當的部分。當然，同學還是需要具有某些慧根，才能分辨出來哪些是中心定理和緊要觀念，哪些又是比較高深的附帶問題和應用。那些較難的部分，他們只能留待以後去弄懂。

當時講授這門課有個嚴重的缺失，就是課程進行的方式讓我無法從學生獲得任何關於演講的建議。這的確是嚴重的問題，到了今天我仍然不知這門課的口碑如何。整件事情基本上是一場試驗。設若現在另給我機會重新來過，內容肯定不會跟上次一模一樣，不過我希望**不**必要再講一次！但我自己覺得，就物理而言，第一年的課程令人相當滿意。

第二年則不是很令我滿意，原因是第二年課程一開始，輪到討論電與磁。我實在想不出來，有什麼能夠不跟往常雷同，卻又比較有趣的講解方式，所以我認為我對於電與磁的那些演講，沒什麼太大的作為。講完電與磁之後，原本接下來是打算講些物質的各種性質，不過主要是講一些例如基諧模態（fundamental mode）、擴散方程式的解、振動系統、正交函數（orthogonal function）等等，也就是所謂「物理的數學方法」入門。現在回想起來，我又覺得如果我能重講一次，我會回到原來的構想。但是由於事實上並沒有重講的計畫，於是有人建議或許介紹一些量子力學可能是不錯的主意，這也就是你看到的《費曼物理學講義》第 III 卷。

大家都明白，希望主修物理的同學，大可以等到三年級才修量子力學。但是我這門課有許多同學，主要志趣是在別的學科上，他們只是把物理當成學習其他學科的背景知識而已。而通常一般講解量子力學的方式，會使得後面這類學生中的絕大多數，不會去選修

量子力學，因爲他們沒有那麼多的時間去花在量子力學上。然而在量子力學的實際應用上，尤其是一些比較複雜的應用，像在電機工程和化學領域裡，事實上並不需要用到量子力學裡叫人眼花撩亂的微分方程。所以我想出來了一個描述量子力學原理的辦法，學生不必先懂得微分方程式，就可以開始學習量子力學。

即使對物理學家來說，這樣把量子力學倒過來講，也是很有趣的挑戰。其中原委，讀者只需看過演講內容便不難明白。不過我認爲這樣子教導量子力學的新嘗試並不是很圓滿，主要是因爲最後沒有足夠的時間，因而只得把能帶（energy band）和機率幅在空間中的變化等一些重要東西，匆匆一筆帶過，我應該多花三、四節課來討論這些東西。此外，由於我以前從未用過這種方式講解量子力學，使得缺乏教學互動的缺陷更加嚴重。現在我相信，量子力學還是讓同學晚些學比較妥善。如果將來有機會再來一次，我想我會改正過來。

至於書中沒有專門探討如何解題的演講，是因爲課程中本來就有演習課，雖然我的確在第一年課程裡用了三堂課來講解如何解題，但它們沒有被錄進書內。另外還有一堂課談到慣性導引，照理應該是放在旋轉系統那一講的後面，卻不幸被遺漏掉了。又書中的第 15、16 兩章，因爲那幾天碰巧我有事外出，事實上是由我的同事山德士代的課。

期待教學相長

當然，大家都想知道這場試驗的結果，成敗究竟如何。依我個人的看法，可說是相當悲觀，雖然多數與學生有接觸的同仁並不同意這樣的看法。我認爲就學生的觀點看，我並不是太成功。當我看到大多數同學考卷上的答案，我想整個系統是失敗了。

　　當然，我的朋友指出了，學生當中有十幾二十個人，居然能瞭解全部演講裡面幾乎所有的內容。這些同學非常起勁的學習，而且能夠興致勃勃的思考很多細節。我相信這些人目前已經具備最一流的物理知識背景，而他們正是我原先心目中最想要教導的對象。但是話得說回來，歷史學家吉本（Edward Gibbon, 1737-1794）說過：「除了在特殊的情況下，教學大致是沒有什麼效果的，而在那些有效果的愉快場中，教學幾乎是多餘的。」

　　無論如何，我絕無意思要放棄任何學生，不過結果可能未如理想。我認為有個可行的辦法可以多幫忙一些同學，那就是再多下點功夫，製作出一套習題來，希望藉以把演講中的觀念闡明得更明白。習題往往能彌補演講素材的不足，可讓物理觀念變得更真切、更完整、更能深入腦海。

　　不過我想，教育問題只有一個解決辦法，就是認清只有當學生與好老師之間存在著直接的關係之下，老師才可能把課教好，在這種情況之下，學生可以和老師討論想法，思考事情，以及談論所學。光是到教室聽講，甚至只是把老師指派的習題都做過一遍，學習效率仍不會非常理想。但是現今學生人數太多，我們必須找出能替代理想方式的法子。

　　也許，我的這些演講能夠有些貢獻。也許，在世上某個角落，仍有一些個別的老師與學生，他們可以從這些演講中得到某些靈感或是想法。或許他們在思考這些觀念時，能獲得一些樂趣，甚至能進一步發展書中的一些想法。

理查‧費曼（Richard P. Feynman）

1963 年 6 月

前　言

山德士

　　量子力學，這個二十世紀物理偉大的成就，誕生至今已經將近有四十年了。然而一般而言，在物理介紹性課程中（對於很多學生來說，這門課就是他們所修的最後一門物理課），我們仍頂多只是約略提到這項關於物理世界的核心知識而已。這樣子其實不能令人滿意，我們應該更用心地試著多向學生講些量子力學。

　　本書收錄的演講就是這樣一種嘗試，我們希望用一種學生可以瞭解的方式，把量子力學的基本核心概念講給他們聽。你在這裡所看到的講授量子力學方式是全然新穎的，尤其是在大二課程的層次上，所以它多被認為是一項實驗。不過，我相信這是成功的實驗，因為我看到了一些學生很輕易的就能接受這種方式。當然，我們還有可以改進的地方，當經驗累積多了以後就會便得更好。本卷即是這項第一次實驗的紀錄。

完整的量子力學課程

　　一連兩年的費曼物理學演講是從 1961 年 9 月起到 1963 年 5 月止，這是加州理工學院的物理入門課程。在課程中，每當我們需要用量子力學觀念來讓學生瞭解所描述的現象時，這些觀念就會被引入。此外，我們用了第二年課程的最後十二堂課來比較有條理的介

紹一些量子力學的觀念。可是當課程漸漸接近尾聲，我們便愈來愈清楚，留給量子力學的時間其實是不夠的。當我們在準備課程材料時，就不停的發現其他重要且有趣的題材也可以用現成的基本工具來處理。由於第十二講中對於薛丁格波動方程式的處理太過簡略，我們有些擔心這些內容不足以作爲橋樑，無法和（學生可能讀到的）很多書中較傳統的方式連繫起來。所以我們便決定增加七堂課；這些額外的課是在 1964 年 5 月對大二生講授的。這些課補足了、也稍微推廣了前一年演講的材料。

在本卷中，我們整合了那兩年的量子力學課，並調整了某些材料的順序。除此之外，原先向大一生介紹量子物理的兩堂課也再從第 I 卷拿出來（即那裡的第 37 章與第 38 章），當作這裡的頭兩章。如此一來，本卷就是完整的一體，大致上獨立於第 I、II 卷。第 II 卷中的第 34 章與第 35 章引進了角動量量子化的一些想法（包括對於斯特恩—革拉赫實驗的討論），我們假設學生已熟悉這些想法。由於有些同學手邊可能剛好沒有第 II 卷，爲了他們的方便起見，本卷附錄把第 II 卷中第 34、35 章收了進來。

這一套講義試著在一開始就闡明量子力學中最基本、最一般性的那些特質。最初幾堂課直接就討論了機率幅、機率幅的干涉、抽象的狀態概念、狀態的疊加與分解等想法，同時我們一開始就使用了狄拉克記號。在每個主題上，我們一方面介紹觀念，同時也仔細討論一些具體的例子，以使得物理概念儘可能的成爲眞實、而不是抽象的東西。再來討論的是狀態（包括具有固定能量的狀態）隨著時間變化的情形，並且立即將這些概念用來研究雙態系統。由於我們仔細討論了氨邁射，所以就有了適當的架構來介紹輻射吸收與誘發躍遷等觀念。接下去討論的是更複雜的系統，延續到對於晶體中電子傳遞的討論，以及對於量子力學中角動量觀念算是相當完整的

說明。我們對於量子力學的介紹停在第 20 章，我們在那裡討論了薛丁格波函數、薛丁格微分方程式、以及氫原子的解。

展現費曼的美妙想法

本卷的最後一章（第 21 章），原本並不被當成這個「課程」的一部分，它是一場關於超導體的「專題演講」。費曼是以第 I、 II 兩卷中某些娛樂性演講的精神去講這一堂課的，用意是讓學生對於他們正在學的東西，以及物理一般性文化之間的關係有比較廣泛的認識。費曼的〈結語〉為這三卷演講集畫下了句點。

正如第 I 卷的前言所解釋的，這些演講只是一個課程發展計畫的一部分而已，這個計畫想在加州理工學院發展出一套新的物理介紹性課程；督導計畫的是物理課程修訂委員會，其成員有羅伯‧雷頓、內爾（Victor Neher）、山德士。福特基金會出了一筆錢，才使得這項計畫得以進行。我們在準備這第三卷書的時候，很多人就技術細節提供了協助，他們是：克雷頓（Marylou Clayton）、庫奇歐（Julie Curcio）、哈托、哈維（Tom Harvey）、以色列（Martin Isreal）、普羅斯（Patricia Preuss）、華倫（Fanny Warren）、齊默曼（Barbara Zimmerman）。紐格包爾教授與威爾次（Charles Wilts）非常細心校閱過大部分原稿，對於內容能夠既正確又清楚，貢獻很大。

不過，你在這裡所讀到的量子力學故事是理查‧費曼的故事。當我們看到費曼在活生生的物理演講中呈現他美妙的想法時，無不馬上感受到智性上的興奮，如果我們能夠讓其他人也體會到這種興奮，即使只是其中一部分而已，那麼我們所下的功夫就有了很大的收穫。

山德士（Matthew Sands）

1964 年 12 月

中文版前言

高涌泉

費曼過世後，人們把他辦公室黑板的最後面貌拍照記錄了下來。黑板上有兩句話分別被粉筆線圈了起來，十分顯著，好似是不能擦掉的座右銘。對於瞭解費曼的人來說，這兩句話生動表明了他強烈的好奇心與獨立的精神兩項特質，第一句是：「我不能創造的東西，我就不瞭解。」（What I cannot create, I do not understand.）第二句是：「知道如何解出每一個已經被解過的問題。」（Know how to solve every problem that has been solved.）。〔他在第二句話右邊還寫著：「要學的東西：貝特擬設問題、近藤效應、二維霍爾效應、加速溫度、非線性古典流體動力學。」（To learn: Bethe Ansatz Probs., Kondo, 2-D Hall, accel. temp, Nonlinear Classical Hydro.）——這些題材都是他過世當時（甚至於今日）物理界尖端的話題。〕

費曼令人佩服的地方之一就是，他的確是認真的在實踐這些座右銘，《費曼物理學講義》這三大卷書便是最清楚的證據。首先，讀者會在這三卷講義中發現，物理學雖然可以進一步劃分為粒子物理、凝態物理、流體力學、原子物理、天文物理等各個領域，但這些主題在費曼心目中其實是融合在一起的；這些學科合起來才能完整的呈現大自然，任何只偏愛其中一門的人，就無法欣賞大自然美妙的全貌。也就是說，我們可以看到費曼真的是「知道如何解出每

一個已經被解過的問題」。其次，我們也會在書中看到費曼對於每個問題都有自己獨到的說法，因為只有如此，他才會覺得那些問題的解好像是他所「創造的東西」，也才會覺得自己瞭解了那些概念。難怪與費曼同獲 1965 年物理諾貝爾獎的許溫格會說：「那個費曼，總是有些新鮮的說法。」也難怪費曼每每能夠直搗問題的核心，引導讀者領悟微妙的物理觀念。

　　從今天回頭看費曼四十多年前所寫（講）的內容，我們會發覺內容不僅沒有過時，其實還現代感十足。以討論量子力學的第 III 卷為例，他在第 18 章裡相當仔細的介紹了「EPR 弔詭」（Einstein-Podolsky- Rosen paradox），這個弔詭在四十年前是很冷的題材，但是近一、二十年來，由於量子力學詮釋問題以及量子計算的發展，關於這個弔詭的討論卻是愈來愈多。又例如費曼對於測不準原理這個非常重要觀念的討論，遠較多數量子力學教科書精確而深入。所以費曼對於自己能夠留下這麼一套經得起時間考驗的書，感到驕傲，甚至認為這是他對物理最大的貢獻。

　　我們在翻譯過程中，偶爾會發現一些原版本在公式或符號上的小錯。我們所找到的錯誤在最新的英文修訂版之中，已經多半被更正過來。當然，英文修訂版也訂正了一些我們並未發覺的原版錯誤。我在此感謝李慶德與張海潮仔細校閱了第 III 卷的翻譯。

2006 年 3 月

第1章

量子行為

1-1　原子力學

「量子力學」是一種描述方式，它所描述的是物質與光的一切行為，以及尤其是原子尺度上發生的事情。非常小尺度上的東西，與你可以有任何直接經驗的東西，完全不同。它們並不像波，也不像粒子，或者任何你看過的東西。

牛頓認爲光是由粒子所組成的，但是後來人們發現光的行爲和波一樣。然而更後來（在二十世紀開始之際），人們又發現光的確有時候像是粒子。歷史上，電子最初被認爲是粒子，可是後來又被發現在很多情況下像是波。所以電子其實既不是波，也不是粒子。我們現在眞的放棄了，我們說：「它**兩者都不是。**」

不過，還好我們運氣不錯，電子的行爲就和光一樣。原子物體（電子、質子、中子、光子等等）的量子行爲全部一樣，它們全都是「粒子波」（particle wave），或任何你要給它們的稱呼。因此我們所學到和電子行爲有關的事情（這些將是我們的例子），也可以適用於所有的「粒子」，包括光的粒子。

關於原子與小尺度下行爲的資訊，在二十世紀頭二十五年間慢慢累積起來，讓我們對於小東西的行爲有些瞭解，但是也產生了愈來愈多的困惑；最後這些謎終於在 1926 與 1927 年間，由薛丁格（Erwin Schrödinger, 1887-1961）、海森堡（Werner Heisenberg, 1901-1976）、玻恩（Max Born, 1882-1970）等人完全解決了。對於小尺度下物質的行爲來說，他們終於得到了一種無內在矛盾的描述方式。我們將在本章說明那種描述方式的主要特徵。

請注意：本章的內容與第 I 卷的第 37 章幾乎完全相同。

原子行為和日常經驗非常不一樣，人們很難覺得習慣；對於每個人，無論是新手還是有經驗的物理學家來說，這些行為看起來都是奇怪且神祕的。甚至專家也覺得他們的瞭解還不夠，事實上，他們有這種感覺是很合理的，因為所有人類的直接經驗與直覺僅能適用於大物體，我們瞭解大物體的行為，但小尺度的東西就不是那樣子。所以我們必須用一種抽象或想像的方式來學習，而不是透過我們的直接經驗來學習。

我們在本章中將馬上面對神祕行為的基本要素，它以最奇怪的形式展現。我們選擇察視一個不可能、**絕對**不可能以任何古典方式來解釋的現象，它包含了量子力學的核心思想。事實上，它包含了量子力學**唯一**的奧祕。我們不能藉由「說明」這個現象，來除去這個奧祕。我們只是**告訴**你它是怎麼回事。一旦告訴了你它是怎麼回事，我們就已經告訴了你所有量子力學的基本特色。

1-2 子彈實驗

為了嘗試瞭解電子的量子行為，我們將在特別的實驗安排中，把電子的行為與一般人更為熟悉的粒子（例如子彈）的行為，以及波（例如水波）的行為拿來比較與對照。

我們首先考慮子彈在圖 1-1 所示的實驗安排中的行為（見次頁）。我們有一挺能發射一連串子彈的機關槍，這挺機關槍不是很好，因為它會以相當大的角度讓子彈（隨機）四射，如圖所示。在機關槍之前，我們放了一堵牆（由裝甲做的），牆上有兩個孔，孔的大小剛好可以讓一顆子彈通過。在牆的後面有個屏障（例如一堵厚木牆）可以「吸收」撞上來的子彈。在屏障之前有個稱為子彈「偵測器」的物體，它可以是一個裝了沙子的盒子。任何進入偵測

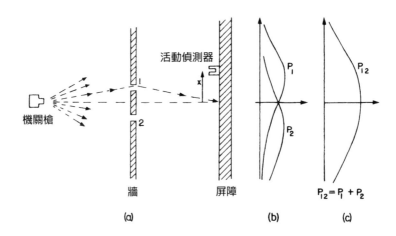

圖1-1　子彈的干涉實驗

器的子彈會被阻擋下來，然後累積起來。只要我們有意願，就可以
將盒子清光，計算它所捕捉到的子彈數目。偵測器可以來回移動
（我們把移動的方向稱爲 x 方向）。

　　有了這個裝置，我們就可以由實驗來回答以下的問題：「有一
顆子彈通過牆上的孔，當它到達屏障時，它和（屏障）中心的距離
爲 x 的機率是什麼？」首先，你應該理解我們必須談論機率，因爲
我們無法明確的說任何特定子彈會往哪裡去。恰好撞到牆上兩孔之
一的一顆子彈，會從孔的邊緣彈出來，最後可能跑到任何地方。

　　我們所謂的「機率」，所指的是子彈進入偵測器的機會，我們
可以計算在某時段內抵達偵測器的子彈數目，然後取這個數目與同
一時段內打上屏障子彈的**總數**相比，這樣的比值就能測量出子彈跑
進偵測器的機率。假如機關槍在測量時段內永遠以相同頻率射出子
彈，則我們所要的機率與某標準時段內抵達偵測器的數目成正比。

　　就我們的目的來說，我們將設想一個有點理想化的實驗，其中

的子彈不是眞的子彈，而是**不可摧毀的**子彈，它們不能斷成一半。我們在實驗中發現，子彈永遠一個個完整的到達，而且當我們在偵測器中發現了東西的時候，總是一顆完整的子彈。如果機關槍發射子彈的頻率很低，我們發現在任何時刻要不就是沒有東西到達，要不就是有一顆子彈，而且恰好只有一顆子彈到達屏障。此外，（到達的）那一塊東西的大小當然與機關槍的發射頻率沒有關係。我們會說：「到達的子彈**永遠**是相同的塊狀物體。」

我們用偵測器所測量的是塊狀物體抵達的機率，而且我們把機率當作 x 的函數來測量。以這種裝置所做的這類實驗所得的結果（我們還沒有做這種實驗，所以我們其實只是在想像結果），顯示於圖 1-1(c)。我們把機率畫在圖的右邊，x 是垂直的，這樣子 x 的尺度才會符合裝置圖。我們稱這個機率爲 P_{12}，因爲子彈可能穿過 1 號孔，也可能穿過 2 號孔。

你應該不會訝異於 P_{12} 在圖中央很大，但是如果 x 非常大，則 P_{12} 很小。不過，你可能會覺得奇怪，爲什麼 P_{12} 的最大值出現於 $x = 0$。我們只要將 2 號孔蓋起來，然後重做實驗；接著換成把 1 號孔蓋起來，然後再做一次實驗，這樣子就可以瞭解爲什麼 P_{12} 的最大值出現在中央。當 2 號孔蓋起來時，子彈只能從 1 號孔通過，實驗的結果就是 P_1 的曲線，見圖 1-1(b)。就像你可以預期的，P_1 最大值所出現的 x 位置會和機關槍以及 1 號孔連成一線。如果 1 號孔封了起來，實驗的結果就是如圖所示的 P_2 曲線，P_1 與 P_2 相對於中心而言是對稱的。P_2 是通過 2 號孔的子彈的機率分布。比較圖 1-1 的 (b) 與 (c)，就得到以下的重要結果：

$$P_{12} = P_1 + P_2 \qquad (1.1)$$

我們只是把兩個機率相加起來。兩個孔都打開的效應，是每個

孔單獨打開的效應之和。我們稱這是一個「**沒有干涉**」的觀測，你等一下就知道我們為什麼這麼稱呼。我們對於子彈的討論就到此為止。它們是一塊塊來的，而且抵達的機率沒有表現出干涉。

1-3　波的實驗

我們現在要考慮一個水波的實驗，裝置如圖 1-2 所示。我們有個淺水槽，一個標定為「波源」的小物體受到馬達上下輕輕搖動而製造出圓形波。在波源右邊，我們再次有堵牆，牆上有兩個孔；在更右邊有第二堵牆，為了讓事情單純，這第二堵牆是個「吸收器」，波碰上了它就不會反射回來。我們可以用平緩的沙「灘」來當這第二堵牆。

我們在沙灘之前放了一個可以在 x 方向來回運動的偵測器，和前面一樣。現在的偵測器是個可以測量波動「強度」的裝置。你可以想像一種測量波動高度的東西，只是我們將這東西的標度校準成與波動高度的**平方**成正比，這樣子測量出來的讀數就正比於波的強度。所以偵測器的讀數就正比於波所攜帶的**能量**，或者應該說是能量進入偵測器的流率。

有了這個波動裝置，我們首先要注意的是，強度可以是**任意**大小。如果波源稍微上下移動一下，那麼偵測器那裡就會出現一點波動，當波源上下的移動更大，偵測器處的波動強度就更高，所以波的強度可以是任何值。我們**不會**說波動強度中有任何「成塊」的現象。

現在，我們就來測量各個 x 值所對應的強度（讓波源保持以相同的方式運作）；我們所得到的是圖 1-2(c) 中看起來很有趣的曲線 I_{12}。

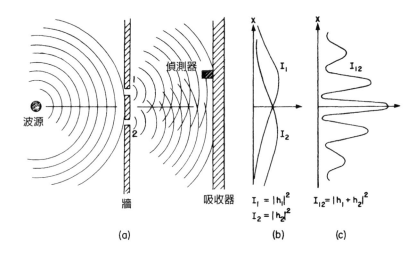

圖1-2　波動的干涉實驗

　　我們以前在第 I 卷討論電磁波干涉的時候，已經研究出這種圖樣是怎麼來的。在這個情況，我們會觀測到原來的波在孔的位置繞射，然後新的圓形波再從每個孔擴展開來。我們如果一次蓋住一個孔，並且測量吸收器上的強度分布，會發現相當簡單的強度曲線，如圖 1-2(b) 所示。I_1 是從 1 號孔所發出波的強度（這時 2 號孔是蓋起來的），而 I_2 是從 2 號孔所發出波的強度（這時 1 號孔是蓋起來的）。

　　當兩個孔都開放時所觀測到的強度 I_{12}，當然**不是** I_1 與 I_2 之和，我們說這時兩個波有「干涉」現象。這兩個波在有些地方（曲線 I_{12} 有最大值時）是「同相」，這時波峰相加而得到更大的振幅，也因此有更高的強度。我們說這兩個波在這種地方有「建設性干涉」。每當偵測器離一個孔的距離比離另一個孔的距離長（或短）了波長的整數倍時，就會產生這種建設性干涉。

　　如果兩個波在到達偵測器的時候，相位差是 π（也就是兩個波「異相」），它們在偵測器所造成的波動就是兩振幅之差；這樣的兩個波有「破懷性干涉」，波的強度比較低。每當偵測器離一個孔的距離與離另一個孔的距離相差了半波長的奇數倍時，我們就預期有較低的強度。圖 1-2 中較小的 I_{12} 值就對應到兩個波有破懷性干涉的地方。

　　你還記得 I_1、I_2 與 I_{12} 的定量關係可以這麼表示：來自 1 號孔的水波抵達偵測器時的瞬時高度可以寫成 $h_1 e^{i\omega t}$（的實數部分），其中的「振幅」h_1 一般而言是個複數。波的強度與高度平方的平均值成正比，或者如果我們使用複數的話，波的強度與振幅絕對值平方 $|h_1|^2$ 成正比。同樣的，來自 2 號孔的水波的瞬時高度是 $h_2 e^{i\omega t}$，而強度與 $|h_2|^2$ 成正比。如果兩個孔都是開放的，水波的高度加起來是 $(h_1 + h_2)e^{i\omega t}$，強度與 $|h_1 + h_2|^2$ 成正比。就我們的目的而言，比例常數可以省略，所以**相互干涉的波**滿足以下的關係：

$$I_1 = |h_1|^2, \qquad I_2 = |h_2|^2, \qquad I_{12} = |h_1 + h_2|^2 \qquad (1.2)$$

　　你會注意到，這個結果和子彈實驗的結果 (1.1) 式大不相同。假如我們展開 $|h_1 + h_2|^2$，就得到

$$|h_1 + h_2|^2 = |h_1|^2 + |h_2|^2 + 2|h_1||h_2| \cos \delta \qquad (1.3)$$

其中的 δ 是 h_1 與 h_2 之間的相位差。以強度來表示，上式就成為

$$I_{12} = I_1 + I_2 + 2\sqrt{I_1 I_2} \cos \delta \qquad (1.4)$$

(1.4) 式的最後一項是「干涉項」。我們對於水波的討論就到這裡。波的強度可以有任意值，而且會展現干涉效應。

1-4 電子實驗

我們現在來想像一個以電子進行的類似實驗，見次頁的圖 1-3。我們造出一枝電子槍，它基本上是電流加熱的鎢絲，四周用一個有孔的金屬箱子包起來。如果鎢絲相對於金屬箱子是處於負電壓，則鎢絲發射的電子會往金屬壁加速前進，有些電子會從孔穿出去。所有從電子槍出來的電子會有（幾乎）相同的能量，槍的前面有一堵牆（只是一片薄金屬板），其中有兩個孔。在牆的後面有另一片金屬板，可以充做「屏障」。在屏障之前，我們放一個可移動的偵測器。偵測器可以是一個連接到擴音器的蓋革計數器（Geiger counter），或可以是更好的電子倍增器（electron multiplier）。

我們必須馬上聲明，你不應該嘗試去做這個實驗（就像你可能已經去做了前面所描述的兩個實驗）。從來沒有人用這種方式做過這個實驗，問題出在實驗裝置必須小到不可能的地步，才能顯現出我們感興趣的效應。所以我們所做的是個「想像實驗」（thought experiment），我們選擇這個實驗的原因是它很容易想像。我們知道實驗的結果**會是**什麼樣子，因為人們**已經做過**很多實驗，這些實驗的尺度與比例已經被選定成可以展現我們將描述的效應。

我們從這個電子實驗所注意到的第一件事，是從偵測器（亦即擴音器）所聽到尖銳「答」聲；所有的「答」聲都是一樣的，**沒有**「半個卡聲」這種情況。

我們也注意到這些「答」聲來得很沒有規則，像是：答……答答…答……答…答答……答…等等，就好像你已經聽過運作中的蓋革計數器那樣。如果我們在相當長的一段時間，例如數分鐘內，去數這些答聲，然後再在另一段相同時間內去數，我們會發現兩個數

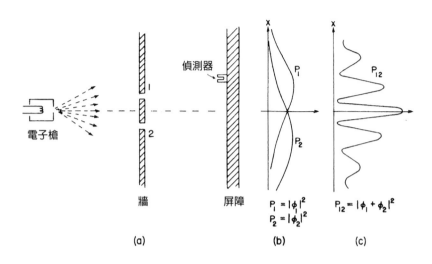

圖1-3 電子的干涉實驗

字幾乎相等,所以我們就可以談論所聽到答聲的**平均頻率**(平均起來每分鐘有多少個答聲)。

當我們移動偵測器,答聲出現的**頻率**會變快或變慢,但每個答聲的大小(響度)永遠是相同的。如果我們降低槍中鎢絲的溫度,答聲的**頻率**就會下降,但是每一個答聲還是一樣的。我們也注意到,如果在屏障上兩處分別擺上兩個偵測器,則每次只有**其中一個**會響起來,但絕對不會兩個同時響。(除了有時候,兩個答聲可能在時間上相距很近,我們的耳朵或許無法辨別兩者。)因此,我們的結論是,無論是什麼東西跑到屏障上,它們抵達的時候都是成塊的「塊狀物體」,所有的「塊狀物體」都是同樣的大小:只有整個「塊狀物體」會抵達,而且它們是一次只有一個到達屏障。我們會說:「電子永遠以相同的塊狀物體抵達。」

就好像先前子彈的實驗,我們現在可以開始從實驗上去回答以

下的問題：「什麼是一個電子『塊』會到達屏障上離中心各種 x 距離處的相對機率？」和以前一樣，我們可以在不變動電子槍運作的狀況下，藉由觀測答聲出現的**頻率**來得到相對機率。塊狀物體抵達某一特定 x 處的機率是與答聲在 x 出現的平均**頻率**成正比。

實驗的結果是圖 1-3(c) 所示的有趣曲線 P_{12}。是的！這就是電子的運動方式。

1-5 電子波的干涉

現在我們來試著分析圖 1-3 的曲線，看看我們是否能夠理解電子的行為。我們會說的第一件事就是，既然電子以塊狀物體抵達，那麼每塊物體，我們或許乾脆就稱它們為電子，一定是從 1 號孔或 2 號孔穿過來。我們把這個看法寫成一種「命題」：

命題 A：每個電子**若不是**通過 1 號孔，**就是**通過 2 號孔。

假設命題 A 是對的，那麼所有抵達屏障的電子就可以分成兩類：(1) 從 1 號孔通過的，以及 (2) 從 2 號孔通過的。所以我們所觀測到的曲線，必然是從 1 號孔通過的電子以及從 2 號孔通過的電子的總效應。我們就用實驗來檢驗這個想法。首先，我們來測量通過 1 號孔的電子。把 2 號孔封起來，然後數偵測器的答聲；我們從這個答聲頻率得到 P_1。圖 1-3(b)中 P_1 曲線顯示了測量的結果。這個結果看起來還算合理。我們用同樣的方法來測量 P_2，從 2 號孔通過的電子的機率分布。這個測量的結果也顯示於圖中。

當**兩個**孔都開放之時所得到的 P_{12}，顯然不是每個孔單獨的機率 P_1 與 P_2 之和。這和我們的水波實驗類似，因此我們說：「這當

中發生了干涉」。

對電子來說：$P_{12} \neq P_1 + P_2$　　　　　　(1.5)

　　這樣的干涉是怎麼來的？或許我們應該說：「這應該是意味著塊狀物體通過 1 號孔或 2 號孔的講法是**錯誤**的，因為如果它們真是如此，則機率必須相加。或許它們以更複雜的方式通過，例如它們分裂成兩半……」但不是這樣的！它們不可以這樣，它們永遠以塊狀物體抵達……「嗯，說不定它們有些通過 1 號孔，然後這些電子繞過來通過 2 號孔，然後再繞幾圈，或者走其他某種更複雜的路徑……然後把 2 號孔封起來，我們就改變了從 1 號孔**出來**的電子最後會抵達屏障的**機會**……」但是請注意！屏障上有些地方在**兩個孔都**開放的時候只會接收到很少的電子，但是在我們封閉一個孔時，卻收到很多電子，所以**封閉**一個孔會**增加**來自另一個孔的電子數目。不過請注意，在機率分布圖樣的中心點處，P_{12} 比 $P_1 + P_2$ 的兩倍還大，這就像是說，關掉一個孔會**減少**通過另一個孔的電子數目，想要用電子以複雜的路徑運動來同時解釋這**兩種**效應，似乎很難。

　　這一切都相當神祕，你愈看它，它就似乎愈神祕。人們嘗試過很多點子來解釋 P_{12} 曲線，這些點子假設了個別電子是以複雜的方式繞過兩個孔，但沒有一個成功，沒有一個點子能夠從 P_1 與 P_2 來得到正確的 P_{12} 曲線。

　　可是，非常奇怪的，把 P_1 與 P_2 以及 P_{12} 連繫起來的**數學**極為簡單，因為 P_{12} 看起來就像是圖 1-2 中的 I_{12} 曲線，而**那**是非常簡單的。我們可以用兩個複數 ϕ_1 與 ϕ_2（它們當然是 x 的函數）來描述發生於屏障上的事。複數 ϕ_1 絕對值平方描述的是我們只開放 1 號孔時的效應，也就是 $P_1 = |\phi_1|^2$，同樣的，ϕ_2 絕對值平方描述了只開放 2 號孔時的效應，也就是 $P_2 = |\phi_2|^2$，而兩個孔都開放時的合併

效應就只是 $P_{12} = |\phi_1 + \phi_2|^2$。這個**數學**和我們在水波實驗中所碰到的數學是一樣的！（這個結果實在簡單，但是電子以某種奇異的軌跡從兩個孔穿出穿入，我們很難想像如何從這種複雜的方式來得到這樣的結果。）

我們的結論如下：電子以塊狀物體的形式抵達，如同粒子一樣，但是這些粒狀物抵達的機率分布，就好像是波的強度分布。因為這樣，我們才會說電子的行為「有時候像是粒子，有時候像是波」。

附帶一提，我們在處理古典波的時候，將**強度**定義成波振幅平方對於時間的平均，同時我們把複數當成數學技巧來使用，以簡化分析；但是在量子力學中，事實上，機率幅（probability amplitude）**一定**得用複數來表示，單使用複數的實數部分是不行的。在目前，這一點只是技術性問題，因為公式看起來一模一樣。

既然穿過兩個孔而抵達的機率是如此簡單，儘管它並不等於 $(P_1 + P_2)$，一切所能說的就是這樣了。但是大自然的確以這種方式運作，這項事實牽涉到很多微妙的事情。我們現在要告訴你一些這類的微妙之處。首先，既然到達某一點的電子數目**不**等於通過 1 號孔的數目加上通過 2 號孔的數目，這是命題 A 的結論，因此毫無疑問的，我們必須認定**命題 A 是錯的**，電子**若不是**通過 1 號孔**就是**通過 2 號孔，這種講法**不正確**。但是，這個結論要用另一個實驗來加以驗證。

1-6 觀看電子

我們現在要嘗試以下的實驗。我們在實驗裝置上附加一個非常強的光源，這光源是在牆之後、兩孔之間，如次頁的圖 1-4 所示。

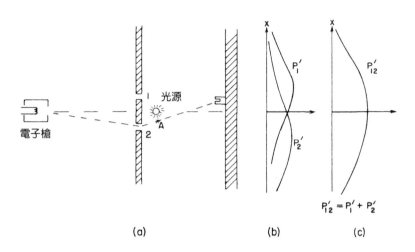

圖1-4　不同的電子實驗

我們知道電荷會散射光，所以當電子通過時，無論它在往偵測器的路上是如何從牆通過的，電子會將一些光子散射進我們的眼睛，我們就可以**看到**電子怎麼前進的。例如，如果電子的軌跡通過2號孔，如圖 1-4 所示，我們應該看到一閃光來自圖中 A 點附近，而如果電子通過 1 號孔，則我們預期會看到來自 1 號孔附近的閃光。如果我們竟然看到同時來自兩個地方的光，因爲電子分裂成兩半……我們就先做實驗吧！

　　我們所看到的是這樣子：我們**每回**聽到來自電子偵測器的一聲「答」時，**也會看到**，若不是 1 號孔附近、**就是** 2 號孔附近的閃光，但是**絕不會**看到同時來自兩孔的閃光！我們從這種觀測所下的結論是，當我們看到電子之時，發現電子如果不是從這個孔通過，就是從那個孔通過。實驗上，命題 A 必須是眞的。

　　那麼一來，我們**反對**命題 A 的論證，錯在哪裡？爲什麼 P_{12} 並

不等於 $P_1 + P_2$？回到實驗！讓我們追蹤電子，看看它們到底在做什麼。對於偵測器的每個位置（x 位置）來說，我們會數抵達的電子，**並且**藉由所看到的閃光來追蹤它們到底穿過哪個孔。我們可以用底下的方式來記錄：每當我們聽到一聲「答」，而且在 1 號孔附近看到閃光，我們便在第一欄記下一筆，如果在 2 號孔附近看到閃光，我們則在第二欄記下一筆。我們將所有到達的電子分成兩類：第一類通過 1 號孔，第二類則通過 2 號孔。我們從第一欄所記錄的數目，得到電子會經過 1 號孔而抵達偵測器的機率 P'_1，同時從第二欄所記錄的數目，得到電子會經過 2 號孔而抵達偵測器的機率 P'_2。如果我們對於不同的 x 值，重複這種測量，就得到了圖 1-4(b) 所示的曲線 P'_1 與 P'_2。

　　嗯，這並不太令人驚訝！我們得到的 P'_1 相當類似於先前把 2 號孔封起來而得到的 P_1，P'_2 也很類似於把 1 號孔封起來而得到的 P_2；所以並**沒有**任何複雜的情況，例如同時從兩個孔通過。當我們在看電子的時候，它們就以我們預期的方式通過。無論 2 號孔是封閉的或是開放的，我們看到從 1 號孔通過的那些電子，其分布方式不會有任何改變。

　　可是等一下！那麼**現在**的**總機率**──電子藉由任何路徑抵達的機率，會是什麼呢？我們已經有了所需的資訊。我們只要假裝從不去看閃光，並且把以前區分成兩類的偵測器所發出的「答」聲次數合併起來，我們**必須**只把數目**加**起來。我們發現，電子會從兩孔之一通過而抵達屏障的機率 P'_{12}，的確等於 $P_1 + P_2$。換句話說，雖然我們成功的看到了電子從那個孔通過，卻再也得不到干涉曲線 P_{12} 了，而是得到新的、沒有顯現干涉的 P'_{12}！可是如果我們拿掉光，干涉曲線 P_{12} 又會出現。

　　我們必須推斷，**當我們在看電子的時候**，它們在屏障上的分布

不同於我們不去看電子時的分布。或許將光源打開這回事干擾了原來的狀況？電子一定是非常細緻精巧，以致於當光從電子散射出來時，光推了一下電子，而改變了電子的運動。我們知道光的電場會對電荷施力，所以或許我們**應該**預期電子的運動會受到影響。因為我們試著去「看」電子，因此改變了電子的運動。也就是說，當光子為電子散射出來時，使得電子搖了一下，以致於電子運動的變化足以讓原本**或許**會跑到 P_{12} 最大值之處的電子，卻跑到了 P_{12} 的最小值之處。這就是為何我們不再看到波狀的干涉效應。

你或許會想：「不要用那麼亮的光！把亮度調低一點！這麼一來，光波就會弱一些，比較不會太干擾了電子。當然只要光愈來愈暗，光波終究會弱到沒有什麼效應。」好，我們就來試試。我們首先注意到，從電子通過時所散射出來的閃光並**不會變弱。閃光永遠是同樣的大小**。當光愈來愈暗時，唯一會發生的事情是，我們有時候會聽到來自偵測器的「答」聲，卻**完全沒有看到**閃光；通過的電子完全沒有「被看到」。我們所觀測到的是光，行為**也**和電子一樣：我們**以前就知道**光是「波狀的」，但是現在我們發現光也是「塊狀的」。光總是以叫做「光子」的塊狀物抵達，或者被散射。當我們把光源的**強度**調低時，我們並沒有改變光子的**大小**，我們只是改變它們發射的**速率。這就是**為什麼當光源很微弱的時候，有些電子會沒被看見，因為電子通過的時候，剛好沒有光子在附近。

這些都有點令人沮喪。如果每當我們「看到」電子的時候，我們都是看到同樣大小的閃光，那麼我們所看到的電子就**永遠**是受到干擾的電子。無論如何，我們用微弱的光來做實驗看看。現在每當我們聽到偵測器的「答」聲時，我們將結果分成三類紀錄：第一欄記錄的是在 1 號孔所看到的電子，第二欄記錄的是在 2 號孔所看到的電子，第三欄記錄的是完全沒被看到的電子。一旦我們把數據整

理出來（把機率算出來），我們會得到以下的結果：那些「在 1 號孔被看到」的電子，分布類似 P'_1；那些「在 2 號孔被看到」的電子有類似 P'_2 的分布（所以「在 1 號孔或 2 號孔被看到」的電子有類似 P'_{12} 分布）；而那些「完全沒被看到」的電子則有類似圖 1-3 中 P_{12} 的「波狀」分布！**如果電子沒被看見，我們就有干涉效應！**

　　這是可以理解的，當我們沒有看到電子，就沒有光子干擾它，但是一旦我們看到了電子，它就受到光子的干擾。每次干擾的程度都是一樣的，因爲所有的光子都會產生同樣大小的效應，而光子散射的效應已足以抹殺干涉效應。

　　難道沒有**某種**辦法，讓我們可以在不干擾電子的情況下看到電子嗎？我們以前學過，「光子」所帶的動量與波長成反比（$p = h/\lambda$）；當光子往我們眼睛散射過來時，電子受搖動的程度當然會取決於光子所帶的動量。啊哈！如果我們只想輕微的干擾電子，我們應該降低的不是光的**強度**，而是應該降低其**頻率**（這與增加其波長是一樣的）。我們就用紅一點的光，甚至是紅外光或無線電波（像雷達），並且利用能夠「看到」這些長波長電磁波的某種儀器來「看」電子跑到哪裡去。我們如果用了「較溫和」的光，就比較不會干擾到電子。

　　我們就用波長較長的光來做實驗。我們將重複的做實驗，但是每次實驗都讓波長變長一些。起初似乎什麼也沒改變，結果還是一樣，可是接下來事情就糟糕了。你記得我們在討論顯微鏡時曾指出，由於光的波動性，兩點不能靠得太近，否則就不能被區分開來；兩個點最靠近而又能被區分開來的距離約是光的波長。所以現在當我們讓波長比兩個孔之間的距離更長時，一旦光被電子散射，我們就會看到一道**很大**的模糊閃光，我們再也弄不清楚電子到底通過哪個孔！我們僅知道它是從某個地方通過！只有在這種光的顏色

（波長）之下，我們才會發現，電子所受到的干擾足夠小到讓 P'_{12} 開始看起來像 P_{12}，我們才會開始看到一些干涉效應。只有當波長大過兩孔的距離時（我們沒有機會知道電子是怎麼跑的），來自光的干擾才夠小，我們才能得到圖 1-3 所示的 P_{12} 曲線。

　　我們從實驗中發現，利用光來辨認電子從哪個孔通過，同時又不至於干擾到干涉現象，這是不可能的。首先瞭解這一點的是海森堡，他認爲除非我們的實驗能力受到某種以前未曾認知的基本限制，不然當時發現不久的新自然定律（量子力學）就會出現矛盾。他提出了**測不準原理**（uncertainty principle）做爲普遍原理，用我們的實驗來說這個原理的意思是：「我們不可能設計出一種裝置既可以決定電子從哪個孔通過，又可以不過於干擾電子、讓干涉圖樣保留下來。」如果有個裝置能夠決定電子從哪個孔通過，它就**不會**太精巧細緻，因爲如此一來就可以不怎麼干擾到干涉圖樣。至今還沒有人能找出（或甚至想到）逃過測不準原理的辦法，所以我們必須假設這個原理的確描述了自然的一種基本特性。

　　我們現在用來描述原子（以及事實上所有物質）的完整量子力學理論，完全取決於測不準原理是否正確；既然量子力學是如此成功的理論，我們對於測不準原理的信心也就增強了。然而一旦出現一種「打敗」測不準原理的方法，量子力學就會得到矛盾的結果，也就無法成爲描述自然的正確理論而遭拋棄。

　　「嗯，」你會說：「那麼命題 A 究竟是對還是錯呢？電子到底**是不是**從 1 號孔或 2 號孔通過呢？」我們所能給的唯一答案是，我們從實驗發現必須以某種特別的方式思考，以免陷入矛盾之中。我們必須這樣子說（以免下出錯誤的預測）：如果我們在觀看孔洞，或者更精確的說，我們有個儀器可以決定電子是從 1 號孔或者 2 號孔通過，那麼我們就**可以**說它是從 1 號孔或 2 號孔通過。**但是，**當

大尺度物體的干涉現象

　　如果所有物質的運動和電子一樣必須用波來描述，那麼我們頭一個實驗會怎麼樣呢？我們為什麼在那裡看不到干涉現象呢？

　　其實子彈的波長非常短，以致於干涉圖樣非常精細；事實上，它精細到我們無法用任何有限大小的偵測器來區分最大值與最小值。我們看到的其實是一種平均，也就是古典曲線。

　　我們試著用圖 1-5 來約略表示大尺度物體的行為；圖 1-5(a) 顯示了量子力學所可能預測的子彈機率分布。快速起伏所代表的是波長極短情況下的干涉圖樣。然而，任何實際的偵測器都會跨過機率曲線中的數個起伏，因此測量的結果是圖 1-5(b) 所畫的平滑曲線。

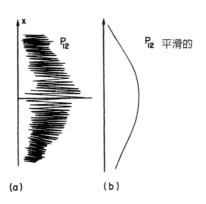

圖1-5　子彈的干涉圖樣：(a) 實際的情況（概圖），(b) 觀測到的情況。

我們並**沒有**試著要去知道電子到底怎麼走的時候，則我們就**不能說**電子是從 1 號孔或 2 號孔通過。如果我們真的這麼說，並且從這個講法去推論，我們的分析就會犯錯。我們如果想成功的描述自然，就必須走在這條邏輯的鋼絲上。

1-7 量子力學第一原理

我們現在扼要的寫下這一章所討論實驗的主要結論；不過我們會將結果以較一般性的形式來表示，好讓它們也適用於一般此類的實驗。首先我們定義一種「理想」實驗，這種實驗沒有不確定的外來影響，也就是沒有晃動或其他我們無法考慮的因素。我們這樣講比較精確：「理想實驗是一種所有初始狀態與終止狀態都完全講清楚了的實驗。」一般而言，我們所謂的「事件」只是一組明確的初始與終止狀態。（舉例來說：「一個電子離開電子槍，抵達偵測器，其他什麼事也沒發生。」）好了，以下是我們的摘要：

摘　要

(1) 理想實驗中，一事件的機率等於一個複數 ϕ 絕對值的平方，這個複數 ϕ 稱為機率幅：

$$P = 機率$$
$$\phi = 機率幅 \qquad (1.6)$$
$$P = |\phi|^2$$

(2) 當事件能夠以幾種不同的方式發生時，這事件的機率幅等於每種方式在個別考慮之下的機率幅之和。干涉的情形會發生：

$$\phi = \phi_1 + \phi_2$$
$$P = |\phi_1 + \phi_2|^2 \tag{1.7}$$

(3) 如果我們可以做一項實驗，來決定事件是以各個方式中的哪一種方式進行的，則事件的機率是各個方式的機率之和。干涉的情況就不見了：

$$P = P_1 + P_2 \tag{1.8}$$

有人可能還是要問：「這到底怎麼一回事？什麼是定律背後的機制？」其實沒有人找到過這些定律背後的任何機制，任何人的「解釋」都不會比我們剛剛的「解釋」更好。就這個狀況而言，沒有人可以給你任何更深刻的描述。我們不知道有任何更基本的機制可以拿來推導出這些結果。

我們想強調古典力學與量子力學之間很重要的一點差異。我們一直在談論電子在某種情況下抵達的機率，而且暗示了，在我們的實驗安排（或甚至是最好的安排）之下，精確預測會發生什麼事是不可能的，我們只能預測機率而已！如果真是如此，這就意味著物理放棄了試著要精準的預測在特定狀況下會發生什麼事。是的！物理**已經放棄了！我們不知道如何預測在特定狀況下會發生什麼事**，而且我們相信那是不可能的，我們只能預測不同事件的機率。你們必須體認到對於我們以前想瞭解自然的理想而言，這是一種撤退；我們可能向後退了一步，但是沒人能找到避開這麼做的法子。

人們有時候會嘗試一種想法來避免我們所給的描述，我們現在來談一下這個想法，它是這樣子的：「或許電子有某種我們還不知道的內在結構，某種內在變數。或許這就是我們無法預測會發生什麼事情的原因。如果我們能更仔細的研究電子，就可以知道它會跑

到哪裡去。」但是就我們目前所知,這是不可能的,我們還是會遇上困難。如果我們假設電子內部有某種機制可以決定它將往哪裡跑,那麼這個機制必須**也能**決定它在路上會通過哪個孔。

然而我們不能忘記電子內部的東西不應該取決於**我們**的作為,尤其是不能取決於我們是否打開或關閉其中一個孔。所以如果一個電子在出發之前就已經決定了 (a) 它要從哪個孔經過,以及 (b) 它最後要停在哪裡,我們就應該發現,選擇 1 號孔的電子有 P_1 的機率,而選擇 2 號孔的電子有 P_2 的機率,**而且**所有這些經由這兩個孔抵達的電子**必須**有 $P_1 + P_2$ 的機率。我們似乎沒有辦法避開這個結論。但是實驗的結果已經證明情況不是這樣子的,而且沒有人曾拿出可以解決這個難題的辦法。所以目前我們**必須**把自己局限於只計算機率而已。我們雖然說的是「目前」,但是卻強烈懷疑我們永遠只能這樣,也就是永遠無法打敗這個難題,自然真的**就是**這樣子。

1-8 測不準原理

海森堡最初是這麼敘述測不準原理的:你如果對任何物體做測量,假設對於其動量的 x 分量而言,你測量結果的不準量是 Δp,那麼對於這個物體的 x 位置而言,你測量結果的不準量不可能比 $\Delta x = \hbar/2\Delta p$ 來得小;這裡的 $\hbar$ 是一個稱為「約化普朗克常數」(Planck's constant)的自然常數,其值大約是 1.05×10^{-34} 焦耳─秒。一個粒子於任何時刻的位置不準量與動量不準量的乘積必須大於普朗克常數;這是測不準原理的一個特例。我們上面已經討論過這原理較為一般性的敘述方式;這個更為一般性的敘述是:我們不可能設計出一種裝置,來決定在兩種不同路徑之中,哪一條路徑受採用了,而且不會同時摧毀了干涉圖樣。

我們現在用一個特殊例子來證明,海森堡的這種測不準關係必須成立,才能避免麻煩。假設我們修改圖1-3的實驗,把有孔的牆變成是架在滾筒上的平板,以便讓牆能夠自由的上下(在 x 方向)運動,如圖1-6所示。我們如果仔細觀察平板的運動,就可以試著推敲出電子從哪個孔通過。

假設偵測器是放在 $x = 0$ 的位置,我們來設想一下會發生什麼事。我們會期待平板一定讓通過1號孔的電子向下偏轉,這樣子電子才能進入偵測器。既然電子動量的垂直分量改變了,平板一定會以相反的動量朝另一方向反衝,等於說平板會被電子往上踢了一下。如果電子從2號孔通過,則平板會感覺到被往下踢了一下。很明顯的,對於偵測器的每個位置來說,平板在電子通過1號孔時所收到的動量,不同於電子通過2號孔時平板所收到的動量。所以,在**完全沒有**干擾到電子,而只是觀察**平板**的情況下,我們就可以知道電子所經過的孔!

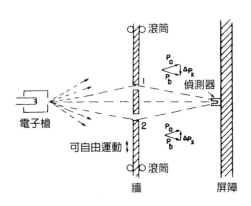

<u>圖1-6</u>　測量牆的反衝作用的實驗

　　但是我們如果要得到結果，必須知道平板在電子通過之前的動量，這樣子一來，一旦我們測量出平板於電子通過之後的動量，就能夠算出平板動量改變了多少。但是請注意，根據測不準原理，我們將無法同時也非常精準的知道平板的位置。但如果我們不是非常清楚平板到底在**哪裡**，我們就不能精確知道兩個孔的位置，也就是說對於每個通過的電子而言，孔都會在不同的位置。這意味著對於每個電子來講，干涉圖樣的中心點會落於不同的位置，因此干涉圖樣的高低起伏會變得模糊。我們將在下一章以定量的方式說明，如果我們足夠精確的決定出平板的動量，因而能夠從反衝動量得知電子通過哪個孔，那麼根據測不準原理，平板在 x 位置上的不準量將足以讓偵測器所觀測到的干涉圖樣在 x 方向上移動，移動的距離約等於從一最大值到其最鄰近的最小值。這種隨機的移動已足以抹掉干涉圖樣，所以我們將看不到干涉。

　　測不準原理「保護」了量子力學。海森堡認知到，如果我們能夠同時以更高的準確度測量出動量與位置，則量子力學就垮了。所以他提議說，這是不可能的。然後人們開始設法找出打敗測不準原理的辦法，但是從來沒有人能想出辦法，以任何更高的準確度來測量任何東西的位置與動量，包括屏幕、電子、撞球、任何東西。至今量子力學仍維持在岌岌可危的狀態，但依舊正確。

第2章
波動觀與粒子觀的關係

2-1　機率幅

我們將在這一章討論波動觀與粒子觀的關係。在上一章中我們已經知道了波動觀點與粒子觀點都是不正確的。我們總希望用精確的方式來表達事情，我們的敘述起碼要精準到當後來學到更多的時候，這些敘述不必也得跟著修改，它們可以推廣，但是不會被改掉！

然而如果我們所談的是波動觀或粒子觀，則兩者都只是近似而已，以後都得修正。所以我們在這一章所學到的東西在某個意義之下是不精確的，我們將利用某些半直覺式的論證，以後我們會把這些論證講得更精確一些；但是當我們在量子力學中正確的詮釋某些東西的時候，它們將會稍微受到修正。

我們這麼做的目的是讓你可以在進入量子力學的數學細節之前就先對於一些量子現象的性質有點感覺。除此之外，我們所有的經驗都是在波和粒子上頭，所以在知道量子力學機率幅的完備數學之前，能利用波與粒子的觀點來瞭解某些情況下所發生的事情，是相當方便的事。我們在討論的時候，也會試著指出我們的說明中最容易出問題的地方，不過大多數的說明還幾乎是正確的，一切只是詮釋的問題而已。

首先，我們知道在量子力學中表現自然的新方式，這是一種新架構，就是對於每個可以發生的事件賦予一個機率幅，而且如果事件牽涉到接收粒子，則我們可以談論在不同地方不同時間找到粒子的機率幅，發現粒子的機率則是和機率幅的絕對值平方成正比。一

請注意：本章的內容與第 I 卷的第 38 章幾乎完全相同。

般而言,在不同地點不同時間發現粒子的機率幅會隨位置與時間而變。

在一些特別的情況裡,機率幅可以是位置與時間的週期函數如 $e^{i(\omega t - k \cdot r)}$,其中的 r 是相對於某個原點的位置向量。(不要忘記這些機率幅是複數,而不是實數。)這樣的機率幅是依據某個明確的頻率 ω 與波數 k 而振盪。事實上,它對應到一種古典極限狀況,我們相信在這狀況中有一個能量為 E 的粒子, E 與頻率的關係是

$$E = \hbar\omega \qquad (2.1)$$

而粒子的動量 p 與波數的關係則是

$$p = \hbar k \qquad (2.2)$$

(符號 $\hbar$ 代表 h 除以 2π : $\hbar = h/2\pi$。)

這意味著粒子這個想法是受到限制的。粒子的想法,包括它的位置、動量等等,雖然廣為使用,但從某個方面看,卻是不令人滿意的。譬如說,如果在各個地方找到粒子的機率幅是 $e^{i(\omega t - k \cdot r)}$,由於這機率幅的絕對值平方是個常數,這表示在每個地方找到粒子的機率是一樣的,也就是說我們不知道粒子在哪裡,它可以在任何地方,粒子的位置有很大的不準量。

反過來說,如果我們大致上知道粒子的位置,而且可以相當精確的將它預測出來,那麼在各個位置發現粒子的機率必須限制在某個區域之內(我們把這個區域的長度稱為 Δx),在這個區域之外,發現粒子的機率是零。既然這個機率是某個機率幅的絕對值平方,而如果絕對值平方為零,則機率幅也會是零,所以我們就有一個長度是 Δx 的波列(wave train),見次頁的圖 2-1,而且這個波列的波長(波列中波節間的距離)對應到粒子的動量。

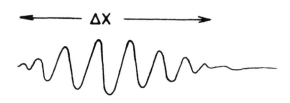

圖2-1　長度為 Δx 的波列

我們在這裡碰上了一件與波有關的奇怪事情；嚴格說，這件極簡單的事和量子力學無關；每個瞭解波的人都知道這件事，無論他懂不懂量子力學：亦即**對於一短波列來說，我們無法定義出唯一的波長**。這樣的波列沒有明確的波長；其波數並不確定（這種不確定性，和波列的長度是有限的這件事有關），所以動量也是不確定的。

2-2 位置與動量的測量

我們來看看這個想法的兩個例子，以便瞭解如果量子力學是對的，則為什麼位置與（或）動量就有不準量。我們以前已經看過，如果沒有這種事，如果我們能夠同時測量任何東西的位置與動量，就會出現矛盾；還好矛盾並不存在，而且波動觀也能夠自然的導致這樣的不準量，這樣的事實顯示了一切似乎都是相互一致的。

底下是可以顯現位置與動量關係的例子，它很容易理解。假設我們有個單狹縫，同時有粒子從遠處以某個能量進來，使得粒子基本上全部是水平的進來（圖 2-2）。我們要注意的是動量的垂直分量。

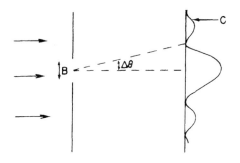

<u>圖2-2</u> 粒子通過狹縫後的繞射

　　所有的粒子都有某個古典意義上的水平動量，比如說 p_0。所以就古典的觀點而言，粒子在穿過狹縫之前有明確的垂直動量 p_y。粒子既不往上跑也不往下跑，因為它是來自遠處的粒子源，所以垂直動量當然是零。但是現在我們假設它會通過寬度為 B 的孔，那麼在粒子從孔穿出來之後，我們能相當精準的知道它的垂直（y）位置在 $\pm B$ 之內＊，也就是說位置的不準量 Δy 約是 B。

　　現在我們或許也會說，既然知道了動量是絕對水平的，那麼 Δp_y 就等於零，但這卻是錯的！我們**曾經**知道動量是水平的，可是我們後來再也就不知道了。在粒子通過孔之前，我們並不知道它們的垂直位置；我們讓粒子通過孔，以便找到它的垂直位置，而我們卻失去了關於垂直動量的資訊！為什麼？根據波動理論，波在通過狹縫之後會散布開來，或者說產生繞射，就像光那樣。因此從狹縫出來的粒子有某個機率不會筆直的往前進；繞射效應令粒子散布開

　　＊原注：更精確來說，我們知道 y 的誤差是 $\pm B/2$。但我們現在只對一般性觀念感興趣，所以就不用擔心 2 這個因子。

來，而散布的角度，我們將它定義成第一個最小值的角度，基本上就是粒子射出來的角度之不準量。

粒子是如何散布開來的？當我們說粒子散布開來時，我們的意思是粒子有某個機率會往上或往下跑，也就是說動量有向上或向下的分量。我們說到**機率**與**粒子**，原因是我們可以用粒子計數器來偵測出這個繞射圖樣，而且當計數器接收到粒子之時（例如在圖 2-2 的 C 處），它是收到**整個**粒子，所以在古典意義上，粒子有垂直的動量，這樣它才能從狹縫跑到 C。

我們現在要大致瞭解一下動量散布的情形。垂直動量 p_y 的散布 Δp_y 約等於 $p_0 \Delta \theta$，這裡的 p_0 是水平動量；在散布的圖樣中 $\Delta \theta$ 是多大呢？我們知道第一個最小值出現於某個角度 $\Delta \theta$，這個角度恰好會讓來自狹縫一端的波比來自另一端的波多走了一個波長，我們以前已經討論過這個情形（第 I 卷第 30 章）。因此 $\Delta \theta$ 等於 λ/B，所以此實驗的 Δp_y 是 $p_0 \lambda/B$。請注意我們如果讓 B 愈來愈小，以便更精確測量粒子的位置，那麼繞射圖樣會變得更寬。所以如果我們把狹縫弄得愈窄，圖樣會變得愈寬，粒子帶有垂直動量的機會就愈大。所以垂直動量的不準量與 y 的不準量成反比。

事實上，我們看到了這兩個不準量的乘積等於 $p_0 \lambda$：可是 λ 等於波長，p_0 等於動量，而根據量子力學，波長乘以動量就是普朗克常數 h，因此我們得到了以下的規則：垂直動量的不準量乘以垂直位置的不準量，就數量級而言，等於 h

$$\Delta y \, \Delta p_y \geq \frac{\hbar}{2} \tag{2.3}$$

我們無法弄出一個系統，讓我們可以比(2.3)式的限制還要更精確的知道粒子的垂直位置，又可以預測出它於垂直方向上的運動；也就是說，如果 Δy 是就我們所知垂直位置的不準量，則垂直動量的不

準量必然大過 $\hbar/2\Delta y$。

　　人們有時候說量子力學全錯了：當粒子從左邊過來的時候，垂直動量爲零，既然它已經通過了狹縫，粒子的位置就確定了，因此我們能夠以任意的準確度知道位置與動量。的確，我們可以接收到一個粒子，而且在接到粒子之時我們能夠決定其位置，以及決定粒子爲了要跑到這個位置所必須具備的動量。

　　我們當然有能力這麼做，但這並不是(2.3)式這個不準量關係的意思，(2.3)式所指的是對於一個狀況的**預測能力**，而不是對於**過去**狀況的敘述。光說「我已經知道粒子在通過狹縫之前的動量，而我現在知道了它的位置」是不夠的，因爲我們已經不再知道以後的動量是什麼了，我們再也不能從粒子通過了狹縫這件事來預測垂直動量。我們談論的是一個有預測能力的理論，而不僅是事件過後的測量而已，所以我們必須討論什麼是能夠預測的事情。

　　我們現在要從另一角度來看事情。我們將討論同一現象的另一個例子，但是會更定量一點。前一個例子中，我們是以古典方法來測量動量，也就是說我們考慮了粒子的方向、速度、角度等等，以便藉由古典分析來得到動量。但是既然動量與波數有關係，大自然就提供了另一種測量粒子（光子或其他粒子）動量的辦法，這個辦法完全沒有古典類比可言，因爲它用到了(2.2)式。我們所測量的是**波的波長**，現在就讓我們用這種方法來測量動量。

　　假設有一個柵，上面有很多條線（次頁圖 2-3），我們將一束粒子往柵射去。我們常討論以下的問題：如果粒子有明確的動量，因爲干涉現象的緣故，我們會在某個方向得到非常尖銳的分布圖樣。我們也曾談論過究竟能夠多精確的決定動量，也就是說這種柵的鑑別率（resolving power）是多少？我們不在這裡再去推導答案，請你們自行參閱第 I 卷第 30 章。我們在那裡發現，如果用某特定柵去測

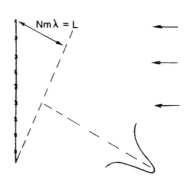

<u>圖2-3</u>　利用繞射柵來決定動量

量波長，則所測得波長的相對不準量是 $1/Nm$，這裡的 N 是柵線的
數目，而 m 是繞射圖樣的序（order），也就是說

$$\Delta\lambda/\lambda = 1/Nm \qquad (2.4)$$

我們可以把(2.4)式寫成

$$\Delta\lambda/\lambda^2 = 1/Nm\lambda = 1/L \qquad (2.5)$$

上式中的 L 是圖 2-3 中所示的距離。這個距離是「粒子（或是波，
或無論是什麼）從柵的底端反射過來所走的總距離」及「粒子從柵
的頂端反射後所走的總距離」之差，換句話說，形成繞射圖樣的波
是來自柵上不同位置的波。首先抵達的波是來自柵底端的波，也就
是來自波列的前端，其他的波來自波列較後面的部分，來自柵的不
同位置，直到最後的波抵達，這最後的點在波列中離最前面點的距
離爲 L。

　　所以我們如果想要在光譜中有一條對應到明確動量的銳線，而
動量的不準量是由(2.4)式所限定的，那麼我們必須有一個長度起碼

是 L 的波列。如果波列太短,我們就沒用到柵的全部。如果波列太短,形成光譜的波只會從柵的一小部分反射回來,因此柵並沒有正常運作,我們會發現角分布變大了。如果想得到比較窄的角分布,我們就必須用上柵的每一部分,以便起碼在某一時刻,整個波列同時從柵的每一部分散射過來。所以波列的長度必須是 L,以便讓波長的不準量小於(2.5)式所給的不準量。因為

$$\Delta\lambda/\lambda^2 = \Delta(1/\lambda) = \Delta k/2\pi \qquad (2.6)$$

所以

$$\Delta k = 2\pi/L \qquad (2.7)$$

其中的 L 是波列的長度。

這表示如果波列的長度小於 L,則波數的不準量必然要大於 $2\pi/L$。換句話說,波數的不準量乘以波列的長度(我們暫且稱這個長度為 Δx)必須大於 2π。我們稱波列長度為 Δx 的理由為,它就是粒子位置的不準量。如果波列的長度是有限的,則我們就可以在那有限的範圍之內找到粒子,而粒子位置的不準量也就是波列的長度 Δx。每個研究過波的人都知道波的這項性質,即波列的長度乘以波數的不準量起碼是 2π。波的這個性質和量子力學沒有關係,它僅是在說,如果波列的長度是有限的,那麼我們就無法很精確的計數其中的波。

我們再從另一種觀點來看波的這項性質。假設波列的長度是 L,那麼因為波列端點的振幅必須下降(如圖 2-1 所示),所以波的數目在長度 L 之內的不準量約等於 ± 1:既然在 L 之內,波的數目等於 $kL/2\pi$,因此 k 就不是確定的,其不準量等於(2.7)式,這僅是波的一項性質而已。無論波是空間中的波(所以 k 是每公分的強

度，同時 L 是波列的長度），或是時間上的波（在這情況下 ω 是每秒振盪次數，而 T 是波列在時間上的「長度」），這項性質都成立；也就是說，如果波列只持續了 T 時間，則其頻率的不準量就等於

$$\Delta\omega = 2\pi/T \tag{2.8}$$

我們想強調的是，這些都只是波的性質而已，而且廣爲人知，譬如說，在聲學之中。

　　重點是，我們在量子力學中將波數解釋成粒子動量的一種指標，波數與動量的關係是 $p = \hbar k$，因此(2.7)式變成 $\Delta p \approx h/\Delta x$，這就是古典動量概念的限制。（如果我們要用波來代表粒子，這個概念自然得受到某種限制！）我們找到了一個能讓我們大致知道古典概念什麼時候會出錯的規則，這是件好事。

2-3　晶體繞射

　　我們接下來要討論粒子波從晶體的反射。晶體是由很多相同原子以規律方式排列而成的厚物，我們以後再考慮較複雜的情形。現在的問題是對於一束光（或一束電子、一束中子、或其他任何東西）而言，我們應該如何安置晶格，以便在某個特定方向上有個很強的反射高峰。我們如果想得到很強的反射，所有來自原子的散射，必須同相。如果一半的散射波同相，但另一半的散射波異相，則波會互相抵消；所以我們必須找出固定相位的區域以便安排晶格，也就是說找出與入射方向以及反射方向有相同夾角的平面（圖 2-4）。

　　我們如果考慮兩個平行平面（如圖 2-4 所示），那麼從這兩個平面散射出來的波就會同相，只要波前所行經距離的差距是波長的整數倍。如果 d 是平面之間的垂直距離，則這個距離差就是 $2d \sin\theta$。

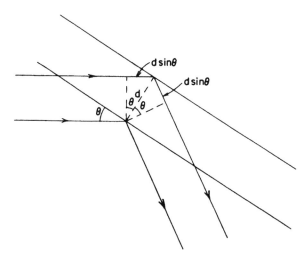

<u>圖 2-4</u>　波為晶格平面所散射

所以相干反射（coherent reflection）的條件為

$$2d \sin \theta = n\lambda \qquad (n = 1, 2, \ldots) \qquad (2.9)$$

　　如果，比方說，晶格的方位恰好使得原子位於滿足(2.9)式（其中的 $n = 1$）的平面上，那麼我們會得到很強的反射。但是如果平面之間還有其他同類（密度相同）的原子恰好位於與兩平面等距的平面上，則這些中間的平面也會以相同的強度散射粒子波，而散射波會和原來的波干涉，使得原來的反射高峰消失。所以(2.9)式中的 d 所指的必須是**相鄰**平面的距離，我們不能把這個公式套用於五層外的平面上！

　　事實上，真正的晶體通常並不會如單一種原子不停以某種方式重複那樣簡單。我們如果以二維的情形為例，則晶體反而會類似壁紙那般以某種圖形（figure）在整面壁紙上不停重複。我們所謂的

「圖形」指的是原子的某種安排，例如碳酸鈣中的鈣、碳與三個氧等；這裡的「圖形」可能牽涉到相當多的原子。不過無論它是什麼，這個圖形會不斷重複構成一個圖樣（pattern）。這基本的圖形就稱為**單位晶胞**（unit cell）。

這種不停重複的圖樣定義了我們所謂的**晶格類型**。我們只要查看原子的反射，看看它們的對稱是什麼，就可以馬上決定出晶格的類型。換句話說，我們所發現的任何反射決定了晶體的晶格類型，但是如果要知道晶格中的每個元素為何，我們就必須將不同方向上的散射**強度**考慮進來。晶格的種類決定了原子往**什麼**方向散射，然而散射的**強度**則是取決於每個單位晶胞內有什麼東西；我們可以用這些資訊算出晶體的結構。

圖 2-5 與 2-6 是兩張 X 射線繞射圖樣的照片，它們分別代表了岩鹽與肌紅蛋白（myoglobin）所形成的 X 射線繞射。

順帶一提，如果最相鄰兩平面之間的距離比 λ/2 來得小，一件

圖 2-5　一束 X 射線在氯化鈉晶體上繞射所產生的圖樣

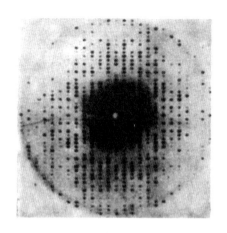

圖2-6 肌紅蛋白的繞射圖樣

有趣的事情就出現了：這時(2.9)式就沒有解（無論 n 的值為何），也就是說，如果 λ 比相鄰平面之間距離的兩倍來得大，繞射圖樣就不會出現，光（或無論什麼東西）會直接穿過物質而不被彈射開來，或者消失。既然一般可見光的波長比相鄰平面的間隔大很多，光當然會直接穿過，而不會有來自晶格平面的反射圖樣。

對於可以製造出中子（這些當然是粒子！）的反應堆而言，上面所提的這件事也有個有趣的後果。我們如果讓從反應堆出來的中子跑進長長的石墨塊中，中子會在石墨中擴散開來（次頁的圖2-7）。它們是因為被原子彈射開來才會擴散，但是嚴格的說，以波動理論來看，中子是因為從晶格平面繞射才會被原子彈開來。如果石墨塊很長，我們會發現從遠端跑出來的中子都有很長的波長！事實上，我們如果以波長為變數，畫出跑出來中子強度的函數圖，我們會看到中子的波長必然大於某個最小值（次頁的圖2-8）。換句話說，我們可以利用這個方式來得到非常低速的中子；只有低速的中

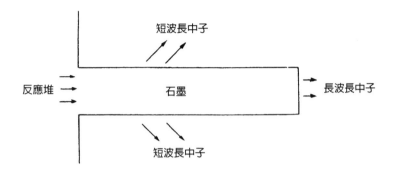

圖 2-7　反應堆中子通過石墨塊時會擴散

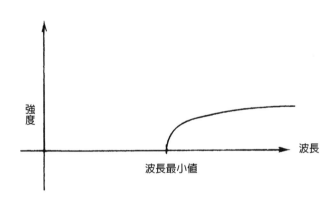

圖 2-8　通過石墨棒之後的中子的強度是波長的函數。

子才能通過石墨,它們不會被石墨的晶格面所繞射或散射開,會如
光通過晶體一般筆直通過石墨,而不會從兩旁散射出去。我們還有
很多其他的方法可以用來呈現中子波與其他粒子波的真實性。

2-4 原子的大小

我們現在來考慮不準量關係(2.3)式的另一個應用。這個分析不能太當真：點子雖然是正確的，但分析並不是很精確。這個點子牽涉到如何決定原子的大小，它也和原子中的電子在古典物理架構裡會輻射光，並且會螺旋式地墜落到原子核上頭這件事有關。可是在量子力學中，電子不能這麼運動，因為這麼一來我們不但知道了每一個電子的位置，也會知道電子將往哪裡去。

假設有一個氫原子，我們測量了其中電子的位置，那麼我們一定不能夠精準預測出它下一刻的位置，否則電子動量散布的範圍就會是無窮大。我們每一回去看電子，它一定是在某個地方，但是電子會有個機率幅可以讓它位於不同的地方，所以總有某個機率會讓我們在各個地方找到電子。電子不會全然只落在原子核上頭，我們將會假設電子的位置是散布開來的，散布範圍約為 a；換句話說，電子與原子核的距離大致上等於 a。我們將設法降低原子的總能量，並從而決定 a 的大小。

由於不準量關係（見(2.3)式）的緣故，動量分布的範圍大約等於 $\hbar/a$。所以如果我們想用某種方法去測量電子的動量，例如把 X 射線打上電子，讓 X 射線被電子散射開來，然後尋找由於散射體（電子）在運動而產生的都卜勒效應（Doppler effect），我們相信不會每次都得到零，因為電子不是靜止不動的，它的動量約等於 $p \approx \hbar/a$。這麼一來，電子的動能就大約等於 $\frac{1}{2}mv^2 = p^2/2m = \hbar^2/2ma^2$。〔就某種意義而言，我們只是在做因次分析（dimensional analysis），目的是找出動能與約化普朗克常數、質量 m、以及原子大小的關係。我們的結果可能應該乘或除以 2 或 π 等，我們甚至並沒有很精準的把

a 定義出來。〕

　　電子位能等於負的 e^2 除以電子離中心的距離，也就是 $-e^2/a$，這裡的 e^2 已經在第 I 卷定義過，即電子電荷的平方除以 $4\pi\epsilon_0$。所以 *a* 如果愈小，位能也就愈低，但是 *a* 如果變小，因為測不準原理的緣故，動量必須變大，所以動能也就變高。總能量等於

$$E = \hbar^2/2ma^2 - e^2/a \qquad (2.10)$$

我們不知道 *a* 等於多少，可是我們知道原子會設法想出折衷方案讓能量愈低愈好。為了計算能量的最低值，我們把 E 對 *a* 取微分，然後令導數等於零，而把 *a* 解出來。E 的導數是

$$dE/da = -\hbar^2/ma^3 + e^2/a^2 \qquad (2.11)$$

令 $dE/da = 0$，求出 *a* 的值等於

$$a_0 = \hbar^2/me^2 = 0.528 \text{ 埃}$$
$$= 0.528 \times 10^{-10} \text{ 公尺} \qquad (2.12)$$

　　我們稱這個特定的距離為**波耳半徑**（Bohr radius），而且我們學到了原子的大小大約是埃的數量級，這是正確的結果。這實在很棒，事實上，這實在太驚人了！在此之前，我們完全沒有法子理解原子的大小！就古典觀點而言，原子是完全不可能的，因為電子會旋轉掉入原子核上頭。

　　如果將(2.12)的 a_0 值代入(2.10)式，我們得到能量

$$E_0 = -e^2/2a_0 = -me^4/2\hbar^2 = -13.6 \text{ 電子伏特} \qquad (2.13)$$

負能量的意義是什麼？它的意義是電子在原子裡的能量比自由電子的能量低，也就是說電子是受到束縛的。我們必須提供能量才可以

將電子踢出來，我們需要約 13.6 電子伏特的能量才能讓氫原子離子化。

由於我們的論證不是很嚴謹，所以照道理，正確的答案可能是 13.6 電子伏特的兩倍、或三倍、或一半、或 $1/\pi$ 倍；可是我們其實耍了一點手法，我們安排了適當的常數，好讓 13.6 電子伏特就是正確的答案！ 13.6 電子伏特這個數字稱為芮得柏（Rydberg）能量，它就是氫原子的游離能。

我們現在終於瞭解，我們為什麼不會穿過地板往下掉：我們在走動的時候，鞋子中眾多的原子會和地板中眾多的原子相擠壓；為了把原子擠壓在一起，電子必須局限在更小的空間裡；依據測不準原理，電子的動量會比一般平均還要高，所以能量也就比較高。原子之所以會抗拒壓縮是因為量子力學的緣故，這不是古典物理可以解釋的效應。就古典物理而言，我們會預期如果將所有的電子與質子拉得更近一些，能量會進一步降低；所以在古典物理中，一堆正電荷與負電荷最好的安排就是全部都疊在一起。這樣的結論在古典物理中是很清楚的，所以原子的存在是古典物理所不能理解的事。當然，早期的科學家發明了一些辦法來處理這個問題，無論如何，我們現在已經有了**正確**的答案！

順帶一提，雖然我現在還不能告訴你為什麼，當我們有很多個電子的時候，這些電子其實會設法相互避開；如果有一個電子已經占據了某個地方，那麼另一個電子就不會出現在同一個地方。更精確一點講，電子有兩個自旋態，所以兩個電子可以聚在一起，其中一個會往一個方向自旋，另一個則往另一個方向自旋。但是除了這兩個電子之外，我們不能夠把更多的電子放入同一個地方，我們必須把別的電子放在另一處，而這正是物質有強度的原因。如果我們可以把所有的電子放在一起，那麼它們將會更為凝聚在一起。事實

上，正是因為電子不可以全疊在一起，我們才有桌子以及所有其他的固體。

　　很明顯的，如果要瞭解物質的性質，我們必須利用量子力學，古典力學是辦不到的。

2-5 能 階

　　我們已經談過了原子位於其最低能量狀態的狀況，但是原子其實還可以做其他事，例如能以更大的能量搖晃，所以原子還有很多可能的各種運動方式。根據量子力學，一個處於定態（stationary state）的原子只可以帶有明確的能量。我們可以畫一個圖（圖2-9），縱軸代表能量的大小，我們用水平線來表示每個可能的能量值。如果電子是自由的，也就是說電子的能量如果是正的，那麼這能量就不會受到限制，它可以是任意值，亦即電子可以用任意速度

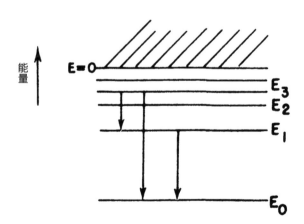

圖2-9　原子的能階圖，箭頭顯示了可能的躍遷。

前進。但是如果電子受到束縛，則束縛能就不能是任意的，原子的能量只能是某些容許能量（如圖 2-9 所示）其中的一個。

我們稱這些容許的能量為 E_0、E_1、E_2、E_3 等等。如果原子最初是處於某個「受激態」（excited state），例如 E_1 或 E_2 等，那麼它並不會永久維持在那個狀態，而遲早會掉到另一個能量較低的狀態，並以光的形式輻射出能量；光的頻率則取決於能量守恆以及能量與頻率的關係，也就是(2.1)式這個量子力學規則。因此，從能量 E_3 躍遷到譬如說 E_1 所放出的光具有頻率

$$\omega_{31} = (E_3 - E_1)/\hbar \qquad (2.14)$$

這樣的頻率就是原子的一個特徵頻率，並且定義了一條發射譜線。另外一個可能的躍遷是從 E_3 到 E_0，這時光就會有另一個頻率

$$\omega_{30} = (E_3 - E_0)/\hbar \qquad (2.15)$$

還有一種可能是原子被激發到狀態 E_1，然後掉到基態 E_0，發射出光子，這光子的頻率為

$$\omega_{10} = (E_1 - E_0)/\hbar \qquad (2.16)$$

我們之所以提到以上這三種躍遷，是為了指出一個有趣的關係：我們很容易從(2.14)、(2.15)與(2.16)式看出來

$$\omega_{30} = \omega_{31} + \omega_{10} \qquad (2.17)$$

一般而言，我們如果發現兩條譜線，我們就預期可以發現第三條譜線，其頻率會是前兩條譜線頻率的和（或是差），而且我們也預期會發現一系列的能階，使得每一條譜線都可以對應到某一對能階的能量差；我們可以用這種方式來理解所有的譜線。在量子力學

發現之前，人們已經注意到譜線頻率的這種驚人巧合，這個關係稱為**瑞茲組合原理**（Ritz combination principle）。從古典物理的觀點看，這又是一個謎。我們不想再強調古典物理在原子世界不適用，我們大概已經講得夠清楚了。

我們已經談過用機率幅來表示量子力學，機率幅的行為類似波，有頻率與波數。我們現在來看一下，就機率幅的觀點而言，原子如何具有明確的能態。到目前為止，我們無法就已討論過的東西去理解這件事；不過我們都熟悉局限的波具有明確的頻率這種情形，例如說，受限於管風琴音管中的聲音，或者其他類似的東西，在這種情況下，聲音有很多種振動的方式，但是每一種方式都有明確的頻率。所以當波受到局限時，它就具有某種共振頻率；也就是說，波僅在某些頻率能夠存在，是它在空間上受到局限的性質之一，我們以後會以數學公式詳細討論這個問題。既然機率幅的頻率與能量有普遍性的關係，我們就不應該驚訝於原子中束縛電子具有明確的能量。

2-6 哲學上的意涵

我們現在簡單討論一下量子力學在哲學上的意涵。和往常一樣，這個問題有兩個面向：其中之一是這些哲學意涵在物理學上的意義，另一方面則是將這些哲學問題推廣到其他領域。當和科學有關的哲學概念被拉進另一個領域時，這些哲學想法通常會完全受到扭曲。所以我們將儘可能的只談論與物理相關的事。

首先是最有趣的測不準原理，這個原理意味著觀測會影響所要觀察的現象。我們早就知道觀測會影響所觀察的現象這回事，但是關鍵在於我們不能藉由重新安排儀器以便去掉或者任意降低觀測所

造成的影響。當我們在觀看某個現象的時候，當然會無可避免的以某種最起碼的方式干擾到它，**而且這種干擾是必要的，否則量子力學觀點就會出現矛盾。**

　　在量子力學之前，觀測者有時是重要的，但從不會有關鍵性的影響。有人曾問過：如果森林中有棵樹倒了，可以沒有人在場聆聽，那麼會有噪音出現嗎？如果**真實**的森林中確有**真實**的樹倒下，那麼即便沒有人在附近，聲音當然還是會出現。即使沒有人在場聽樹倒的聲音，還是有其他的蛛絲馬跡留下來，聲音會搖動一些樹葉，我們只要夠仔細，就會發現荊棘劃過葉子，而留下了一點點擦痕，除非我們假設葉子在晃動，否則無法解釋這些痕跡。所以就某個觀點而言，我們必須承認的確有聲音出現。我們或許會問：是否有聲音的**感覺**呢？沒有，照理講，聲音的感覺是和認知連在一起的，我們不知道螞蟻是否有知覺、森林裡是否有螞蟻、或者樹木是否有知覺。我們就不再討論這個問題了。

　　人們自從量子力學發展以來就在強調的另一個想法是：我們不應該談論那些不能測量的東西（事實上，狹義相對論也這麼說。）一個東西如果無法測量，我們就不該把它放到理論裡。在這種想法之下，有人可能認為，既然我們無法用測量來精確定義出一個局限在某個區域的粒子的動量，則我們就不能在理論中提到粒子的動量。如果有人以為這就是古典物理出問題的地方，**那就錯了**，因為這是沒有把問題分析清楚。儘管我們不能把動量與位置**測量**得很精準，這並不構成**先驗上**的理由**禁止**我們去談論它們，這只是表示我們並**不需要**去談論它們。

　　在科學中，情況是這樣子的：一個觀念或想法如果不能測量或是直接與實驗相關，則這個觀念或想法或許有用，但也或許沒用。它不必然要出現在理論中。換句話說，如果我們比較古典理論與量

子理論這兩種描述自然的方式，而且假設我們的確無法在實驗上精準的測量出位置與動量，我們要問的是：認爲「粒子有精確的位置與精確的動量」的這種**想法**，是否適用？古典理論說適用，但是量子理論則說不適用；這並不意味著古典物理錯了。

當人們發現新量子力學的時候，古典物理學家，亦即除了海森堡、薛丁格與玻恩之外的所有物理學家說：「瞧，你們的理論不太行，因爲有某些問題你們回答不了，例如：粒子的精確位置是什麼？粒子從哪個孔通過？以及其他一些問題……」海森堡對於這種質疑的回答是：「我不必回答那種問題，因爲那種問題沒有實驗上的意義。」

所以情況是我們不**須**答覆這類問題。假設有 (a)、(b) 兩個理論，理論 (a) 包含了一個無法直接驗證的想法，但是我們在分析問題的時候會用上這個想法，而理論 (b) 卻不包含這個想法：如果 (a) 與 (b) 有不一樣的預測，我們並不能夠因爲 (b) 無法解釋 (a) 中的這個想法，而宣稱 (b) 是錯的，因爲這個想法是不能直接驗證的。能夠知道那些想法不能直接檢驗，永遠是件好事，然而我們不一定非得除掉所有的這類想法。我們在從事科學研究的時候，並不是只能夠使用那些可以直接以實驗檢驗的觀念。

在量子力學中，我們還是有機率幅、位勢、以及其他很多無法直接測量的概念。科學的基礎是**預測**的能力。所謂預測就是能夠說明清楚，如果去做一項以前沒做過的實驗，則會發生什麼事。我們如何能夠做到這一點？我們是經由假設知道獨立於實驗之外有什麼東西：我們必須將實驗外推至以前沒有實驗過的區域，我們必須將觀念推廣至它們還沒受到檢驗的地方。如果不這麼做，我們就下不了預測。

所以，如果有古典物理學家毫不擔憂的假設電子的位置仍然是

有意義的**概念**（棒球的位置顯然是有意義的東西），那麼這是完全合理的作法；這麼做一點都不笨，這是合情合理的步驟。現今我們說在無論在什麼樣的能量範圍內，相對論定律應該皆適用；但是或許有一天會有人來告訴我們，這麼假設真是太笨了。可是我們如果不這麼假設、「不把頭伸出去」，我們就不會知道我們到底是「笨」在哪裡，所以研究科學就是要把頭伸出去。我們如果想知道我們錯在哪裡，唯一的方法是瞭解理論的預測到底是**什麼**。建構出一些概念，是絕對要做的事。

我們已經稍為談過量子力學中的不確定性，也就是說，我們現在無法預測在某個已知的物理狀況下將會發生什麼事，無論事先我們如何仔細安排這種狀況。如果有一個處於受激態的原子，所以它將會發射一個光子，那麼我們無法夠知道它會在**什麼時候**發射這個光子。對於任意的時間而言，這個原子會有個機率幅讓它發射光子，我們所能預測的只是在各個時刻發射光子的機率，我們不能精準的預測未來。因為這樣，牽涉到「自由意志的意義以及世界是不確定的」這種想法的種種胡扯與問題就出現了。

當然，我們必須強調，其實古典物理在某種意義之下也是有不確定性。人們通常認為這種不確定性（即我們無法預測未來）是很重要的量子力學現象，而且認為它可以用來解釋心靈、自由意志等。但**假設**世界全然是古典的，也就是說假設力學定律是古典的，我們並不敢肯定的講，我們心靈的感受會和現在有很大的出入。的確，就古典物理而言，如果我們知道世界上每一個粒子（或者一盒子中的每一個氣體分子）的位置與速度，我們就能夠預測以後會發生的事。所以古典世界確實是命定性（deterministic）系統。

可是假設我們的準確度有個上限，因此無法知道某個原子**確實**的位置，比方說只能精確到十億分之一，那麼當這個原子撞上另一

個原子時，由於最初原子位置有十億分之一的誤差，則碰撞後位置的誤差就更大了。這樣的誤差在下一次碰撞後當然又會給放大，所以即使一開始的誤差很小，很快的，誤差就會變得很大。舉個例子：如果水從水壩上落下來，它會四處飛濺；如果我們站在附近，水會不時落到鼻子上。這個過程似乎是完全隨機的，不過我們卻也能從純古典定律預測得到這種行為。所有水滴的精確位置，會取決於水在越過水壩之前一切扭動的精準細節。怎麼會這樣？因為水落下時最些微的變化將會受到放大，所以我們完全看不出規律性。明顯的，除非能夠**絕對精準**知道水的運動，否則我們還是無法用古典定律預測出水滴落下的位置。

更嚴謹的說，只要準確度是有限的，無論它有多準確，我們總是會在一段足夠長的時間之後，就無法有效預測爾後的事。重點在於這個「足夠長的時間」其實並不很長，如果準確度是十億分之一，這個時間也不會長至幾百萬年。事實上，這個時間只是和誤差成對數關係，因此在非常非常短的時間內，我們就失去了所有的訊息。如果準確度是數十億分的數十億分的數十億分之一，無論有多少個數十億，只要準確度是有限的，那麼我們總會找到某個時刻，在那之後我們就再也不能預測會發生什麼事情！

有人或許會說，由於人類心靈有明顯的自由與不確定性，因此我們必須體認古典的「命定性」物理是沒有希望理解人類心靈的，而且我們應該歡迎量子力學將我們從「純然機械性」的宇宙解放出來。但是這種說法是不公平的！以實際的觀點而言，古典物理中早就有了不確定性。

第3章 機率幅

3-1 機率幅的結合定律

　　薛丁格首先發現正確的量子力學定律的時候，他寫下了一個方程式可以用來描述在各個地方找到粒子的機率幅。這個方程式的形式很類似於古典物理學家已知的某些方程式，他們用這些方程式來描述聲波中空氣的運動、光的傳遞等等。所以量子力學剛出現的時候，大半的時間都花在解這個方程式，但是同時人們，尤其是玻恩與狄拉克（Paul A. M. Dirac, 1902-1984），也在設法理解量子力學背後新的物理概念。

　　在量子力學更往下發展之後，人們體認到有很多東西並不能直接為薛丁格方程式所涵蓋，例如自旋與各種相對論效應。傳統上，所有量子力學課程開始的方式都一樣，也就是回溯量子力學歷史發展的腳步。學生首先學習很多古典力學，這麼一來，他就可以瞭解如何解薛丁格方程式（Schrödinger equation）；然後他就花很多時間來算出各種解。只有在詳細研究了這個方程式之後，學生才進入到較「高級」的題材，如電子自旋。

　　我們原先也考慮過在這兩年物理課的最後一段課程中，我們最好教你如何解在各種複雜情況下的古典物理方程式，例如對於封閉區域中聲波的描述、圓柱空腔中電磁輻射的模態等等。這是這門課原來的計畫。可是我們卻決定放棄這個計畫，而來介紹量子力學，因為我們認為，那些通常稱為高等量子力學的東西，事實上是相當簡單的。唯一的麻煩是，我們必須跳過一個空隙，這個空隙就是我們無法**細膩**的描述粒子在空間中的行為。所以我們想試著做的事是這樣子的：告訴你傳統上稱為「高等」量子力學的東西。但我向你保證，這些東西以「簡單」的某種深刻意義而言，是量子力學中最

簡單的部分，而且也是最基本的部分。坦白說，這是一項實驗；就我們所知，以前從沒有人這麼做過。

量子力學的麻煩，當然就是所謂的量子力學行為是相當奇怪的東西。沒有人可以依賴日常經驗來獲得大略的、直覺的理解。所以我們有兩種呈現這個題材的方法：我們可以用一種相當粗略的物理方式來描述事情，約略告訴你會發生什麼事，但是不告訴你所有東西的精確定律；另一種方式是告訴你精確定律的抽象形式，但是因為一切都很抽象，你無法知道物理上這些定律是什麼意思。第二種方式不能令人滿意，因為一切是完全抽象的；而第一種方式會讓你有不舒服的感覺，因為你並不清楚知道什麼是真的、什麼是假的。

我們不知道如何克服這個困難。事實上，你會注意到第1章與第2章就顯示出了這個問題。第1章相對而言是精簡的，但第2章就是粗略描述不同現象的特質。在這裡，我們會試著找出介於這兩個極端之間的一個快樂方式。

這章一開始，我們先處理某些一般性的量子力學概念。我們的某些敘述會相當精確，另一些則只有部分精確。有時候很難馬上告訴你哪個是哪個，可是一旦你把這本書念完了，你回頭看，就會瞭解哪些部分是成立的，而哪些部分則只是約略的解釋了而已。從第4章開始，東西就比較不會那麼不精確。事實上，我們在以後的章節中會小心試著要非常精確，這麼做的一個原因，就是想展現給你看量子力學最漂亮的地方之一——就是從很少的原則，可以推導出很多東西來。

我們一開始先再次討論**機率幅**的疊加。我們已在第1章描述過的實驗做為例子，實驗裝置見次頁的圖3-1：首先有一個粒子源 s（這裡的例子就說是電子吧），然後有一堵牆，上頭有兩條狹縫，牆後有一個偵測器位於某個位置 x。我們想知道在 x 找到粒子的機率

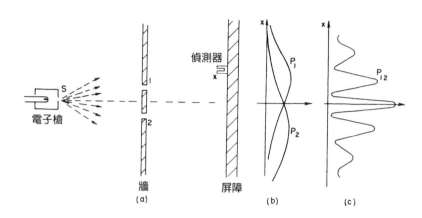

圖3-1　電子的干涉實驗

是多少。我們的**第一項量子力學一般性原理**是，粒子（從粒子源 s 釋放出來）抵達 x 的機率，正等於某個複數的絕對值平方，這個複數一般稱為**機率幅**；就我們的例子來說，這個機率幅就是「從 s 來的粒子會到達 x 的機率幅」。

　　因為這樣的機率幅常常會用得到，所以我們將採用一種簡便記號來表示這個概念，這種記號由狄拉克所發明，量子力學中也廣為使用。我們把機率幅寫成以下的形式：

$$\langle \text{粒子抵達}\,x \mid \text{粒子離開}\,s \rangle \qquad (3.1)$$

換句話說，一對尖括弧 $\langle\ \rangle$ 就是表示「某某機率幅」的符號；垂直線段**右邊**的東西永遠代表**初始**條件，而左邊代表**最終**條件。有時候更進一步的縮寫會很方便，也就是個別以單一字母來代表初始與最終條件，例如我們有時候會把(3.1)式寫成

$$\langle x \mid s \rangle \qquad (3.2)$$

我們必須強調，這樣的機率幅當然只是一個數字，一個**複**數而已。

我們已經從第1章的討論中，知道粒子有兩種方法來抵達偵測器，最後的機率不是這兩種機率的和，而是必須寫成兩個機率幅的和的絕對值平方。如果兩條路徑都是開放的，則電子到達偵測器的機率是

$$P_{12} = |\phi_1 + \phi_2|^2 \tag{3.3}$$

我們現在想把這個結果用新記號寫出來。可是我們首先得說明**第二項量子力學一般性原理**：當一個粒子可以從兩條可能的途徑到達某狀態的時候，整個過程的總機率幅等於兩條路徑個別**機率幅的和**。以我們的新記號來表示，結果就是

$$\langle x \mid s \rangle_{\text{兩個孔皆開}} = \langle x \mid s \rangle_{\text{通過 1 號孔}} + \langle x \mid s \rangle_{\text{通過 2 號孔}} \tag{3.4}$$

順帶一提，我們將假設1號孔與2號孔足夠小，小到當我們說電子通過孔洞的時候，我們不必討論是從孔的哪個部分通過。我們當然可以把每個孔再分成幾部分，然後說電子有某個機率幅會從孔洞的上端通過，有另一個機率幅會從孔洞的下端通過等等。我們將假設洞足夠小，所以不必去擔心這些細節。這樣的做法就是前面提到的「粗略描述」，我們其實可以講得更為精確，但是現階段我們不想這麼做。

現在我們要更細膩的寫下，電子經過1號孔才到達偵測器這個過程的機率幅，這麼做需要利用到**第三項量子力學一般性原理**：如果粒子走了某一條特別的途徑，則這條途徑的機率幅可以寫成兩個**機率幅的乘積**，一個是粒子走了部分路徑的**機率幅**，另一個則是粒子走完剩下路徑的**機率幅**。以圖3-1的裝置來說，從 s 經過1號孔到

x 的機率幅，等於「從 s 到 1 的機率幅」乘以「從 1 到 x 的機率幅」。

$$\langle x \mid s \rangle_{\text{通過}\,1} = \langle x \mid 1 \rangle \langle 1 \mid s \rangle \qquad (3.5)$$

同樣的，這個結果並不是完全精確的。我們其實應該放進一個因子來代表電子會通過 1 的機率幅，但是因為 1 號孔只是個簡單的孔洞，所以我們令這個因子等於 1。

你會注意到(3.5)式似乎是反過來寫。我們應從右到左來讀這個式子：電子從 s 到 1，然後從 1 到 x。總之，如果事件依順序發生，例如你可以將粒子的某條路徑描述成「先這麼樣，然後這麼樣，接著又那麼樣」等等，則整個路徑的機率幅就等於把每個（依序出現的）事件的機率幅依序乘起來。我們可以利用這個原理把(3.4)式寫成

$$\langle x \mid s \rangle_{\text{兩者}} = \langle x \mid 1 \rangle \langle 1 \mid s \rangle + \langle x \mid 2 \rangle \langle 2 \mid s \rangle$$

我們現在想證明給你看，只要利用這些原理，就可以計算更為複雜的問題，例如圖 3-2 所示的情況。這時我們有兩面牆，其中一

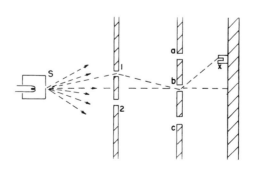

圖 3-2　更為複雜的干涉實驗

面牆有 1 和 2 兩個孔洞，另一面牆則有 a、b、c 三個孔洞，第二面牆後面有一個偵測器位於 x；我們想知道的是粒子抵達 x 的機率幅。

　　一種得到答案的辦法，是把通過的波疊加起來，也就是計算波的干涉；但是你也可以考慮六種可能路徑，把每種路徑的機率幅疊加起來。電子可以通過 1 號孔，然後通過 a 孔，然後到 x；或是電子可以通過 1 號孔，然後通過 b 孔，然後到 x 等等。根據我們的第二項原理，不同路徑的機率幅得加起來，所以我們應該要能夠把從 s 到 x 的機率幅寫成六項各個機率幅的和。

　　另一方面，根據第三項原理，各個機率幅可以寫成三個機率幅的乘積；例如，有一項機率幅是從 s 到 1 的機率幅乘以從 1 到 a 的機率幅，再乘以從 a 到 x 的機率幅。因此我們可以利用簡潔的記號，寫下從 s 到 x 的完整機率幅，如下：

$$\langle x \mid s \rangle = \langle x \mid a \rangle \langle a \mid 1 \rangle \langle 1 \mid s \rangle + \langle x \mid b \rangle \langle b \mid 1 \rangle \langle 1 \mid s \rangle$$
$$+ \cdots\cdots + \langle x \mid c \rangle \langle c \mid 2 \rangle \langle 2 \mid s \rangle$$

我們可以用累加記號將上式寫成

$$\langle x \mid s \rangle = \sum_{\substack{i=1,\,2 \\ \alpha=a,b,c}} \langle x \mid \alpha \rangle \langle \alpha \mid i \rangle \langle i \mid s \rangle \tag{3.6}$$

　　如果想用這個方法來做任何計算，很自然的，我們必須知道粒子從一個地方到另一個地方的機率幅。我們會約略說明典型機率幅的模樣。這個機率幅會略去像光的偏振或電子自旋的東西，但除此之外，它還是相當精確的。我們說明這機率幅的目的，在於讓你能夠解出牽涉到各種狹縫組合的問題。假設一個粒子有明確的能量，它在真空中從 r_1 位置跑到 r_2 位置，換句話說，它是個不受力的自由

粒子。除了某個沒寫出來的數值因子之外，從 r_1 到 r_2 的機率幅是

$$\langle r_2 \mid r_1 \rangle = \frac{e^{i\boldsymbol{p} \cdot \boldsymbol{r}_{12}/\hbar}}{r_{12}} \tag{3.7}$$

其中的 $r_{12} = r_2 - r_1$；p 是動量，它與能量 E 滿足以下的相對論性方程式

$$p^2 c^2 = E^2 - (m_0 c^2)^2$$

或非相對論性方程式

$$\frac{p^2}{2m} = 動能$$

(3.7)式事實上是在說粒子有類似波的性質，也就是機率幅以波的形式傳遞，波數等於動量除以 $\hbar$。

　　最一般的情況下，機率幅以及所對應的機率都與時間有關。目前初步的討論中，我們假設粒子源會永遠射出固定能量的粒子，所以我們不必去擔心時間的問題。但是在一般情形下，我們可能對於一些其他的問題感興趣。假設一個粒子在某個時間從某個地方 P 釋放出來，而你想要知道它在以後某個時間抵達某個位置的機率幅，譬如說 r 這個位置。這個機率幅可以表示成 $\langle r, t = t_1 \mid P, t = 0 \rangle$；很清楚的，這取決於 r 和 t 兩者。如果你將偵測器放在另一個地方，並在另一個時間做測量，就會得到不同的結果。

　　一般而言，這個 r 和 t 的函數滿足一個微分方程式，這方程式也是一種波動方程式。譬如說，在非相對論的情形下，這方程式是薛丁格方程式；因此我們就有了和電磁波方程式或某氣體的聲波方程式類似的方程式。不過我們必須強調，滿足這個方程式的波函數

並不像空間中眞實的波，我們不能將它想成是如聲波那樣眞實的東西。

　　雖然有人或許會想要在處理一個粒子的時候，以「粒子波」來想像機率幅，但這並不是好點子；因爲如果有比如說兩個粒子，那麼在 r_1 發現一個粒子、並且在 r_2 發現另一個粒子的機率幅，並不是三維空間中的簡單波，而是取決於**六個**空間變數 r_1 和 r_2 的函數。如果我們在處理兩個或多個粒子，就會需要以下這個額外的原理：只要兩個粒子沒有交互作用，那麼一個粒子會做這件事、**並且**另一個粒子會做另一件事的機率幅，是兩個粒子分別做這兩件事的兩個機率幅的乘積。例如，如果 $\langle a \mid s_1 \rangle$ 是 1 號粒子從 s_1 到 a 的機率幅，而且 $\langle b \mid s_2 \rangle$ 是 2 號粒子從 s_2 到 b 的機率幅，那麼兩件事會一起發生的機率幅是

$$\langle a \mid s_1 \rangle \langle b \mid s_2 \rangle$$

　　我們還必須強調另外一點。假設我們不知道圖 3-2 中的粒子在抵達第一面牆的 1 號孔和 2 號孔之前來自何處，我們仍然可以預測牆後面會發生什麼事（例如粒子抵達 x 的機率幅），只要我們知道兩個數字：粒子到達 1 的機率幅，與到達 2 的機率幅。換句話說，因爲連續事件的機率幅是乘起來的，如同(3.6)式所示，你僅需要知道兩個數字——$\langle 1 \mid s \rangle$ 與 $\langle 2 \mid s \rangle$，就可以繼續分析下去。這兩個數字足以讓我們預測未來的一切。這就是眞正讓量子力學如此簡單的原因。

　　事實上，在以後一些章節中我們正會做這樣的事—我們會用兩個（或幾個）數字來標明初始條件。當然，這些數字會取決於粒子源的位置以及或許其他關於儀器的細節，但是只要有這兩個數字，我們就不需要知道這些細節。

3-2 雙狹縫干涉圖樣

　　我們現在要考慮的事情，已經在第 1 章中稍微深入的討論過了。這一次我們要充分發揮機率幅這個概念，把雙狹縫干涉再討論一遍，以便讓你瞭解如何運用機率幅。我們討論的還是圖 3-1 所示的實驗，但是現在多放了一個光源在兩個孔洞後面，如同圖 3-3 所示。

　　第 1 章中，我們發現了以下有趣的結果：如果我們去看 1 號狹縫後面，並看到了一個光子從那裡散射出來，那麼對於在這種情況下和這些光子一起被記錄的電子來說，它們位於 x 的分布，就和將 2 號狹縫關閉起來時的分布一樣。如果將 1 號狹縫或 2 號狹縫被「看」到的電子記錄起來，它們的總分布等於個別分布的和，同時這個分布完全不同於光關掉時的分布。只要我們所用的光波長足夠短，以上的敘述就成立。如果光的波長變長，以致於我們無法辨認光是從哪個孔洞散射出來的，則電子的分布會變得比較像光關掉時

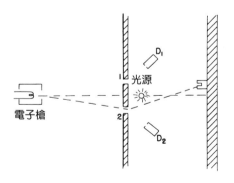

圖 3-3　決定電子從哪個孔洞通過的實驗

的分布。

　　我們現在利用新記號以及機率幅結合原理來檢查這些現象。為了簡化式子，我們令 ϕ_1 代表電子會經由 1 號孔而抵達 x 的機率幅，也就是

$$\phi_1 = \langle x \mid 1 \rangle \langle 1 \mid s \rangle$$

同樣的，令 ϕ_2 代表電子會經由 2 號孔而抵達偵測器的機率幅，也就是

$$\phi_2 = \langle x \mid 2 \rangle \langle 2 \mid s \rangle$$

假如沒有光，這兩個機率幅就是電子通過兩個孔洞而到達 x 的機率幅。

　　但是如果有了光，我們要問以下的問題：一開始電子從 s 出發，而且光子從光源 L 被釋放出來，最後電子到達 x、並且光子在 1 號狹縫後面被看到，這種過程的機率幅是什麼？假設我們用偵測器 D_1 來觀察 1 號狹縫後面的光子，如同圖 3-3 所示，同時用一個類似的偵測器 D_2 來計數於 2 號孔之後被散射的光子。我們知道有個機率幅是針對光子到達 D_1、而且電子到達 x，並且有另一個機率幅是針對光子到達 D_2、而且電子到達 x。我們設法把這些機率幅算出來。

　　雖然我們並沒有從事計算所需的一切因子的正確數學公式，你還是可以從以下的討論中體會到計算的意義。首先，$\langle 1 \mid s \rangle$ 是電子從粒子源到 1 號孔的機率幅，然後假設複數 a 是電子在 1 號孔時將一個光子散射進偵測器 D_1 的機率幅，最後 $\langle x \mid 1 \rangle$ 是電子從 1 號狹縫到位於 x 的電子偵測器的機率幅。因此，電子從 s 經由 1 號狹縫到 x，並且散射一個光子進 D_1 的機率幅就是

$$\langle x \mid 1 \rangle a \langle 1 \mid s \rangle$$

若以前面的記號表示，這機率幅就只是 $a\phi_1$。

　　另外也有某個機率幅是針對電子通過 2 號狹縫並散射光子進計數器 D_1。你會說：「那是不可能的！如果偵測器 D_1 只在看 1 號狹縫，通過 2 號孔的電子怎麼可能將光子散射進 D_1？」只要光波長足夠長，就會有繞射效應，所以 2 號孔的電子當然可能將光子散射進 D_1。如果儀器做得很好，而我們也使用短波長光子，那麼在 2 號孔的電子會將光子散射進偵測器 D_1 的機率幅就非常小。但是為了維持討論的一般性，我們不想忽略這樣的機率幅，這樣的機率幅稱為 b。因此，電子通過 2 號狹縫、並且散射一個光子進 D_1 的機率幅是

$$\langle x \mid 2 \rangle b \langle 2 \mid s \rangle = b\phi_2$$

　　在 x 發現電子並且在 D_1 發現光子的機率幅，是這兩項機率幅的和，電子的每一條可能路徑都貢獻了一項機率幅。每一機率幅本身也是由以下兩個因子相乘而來的：第一，電子通過一個孔洞，第二，光子被電子散射進偵測器 1；所以我們有

$$\left\langle \begin{matrix} 電子在 \ x \\ 光子在 \ D_1 \end{matrix} \middle| \begin{matrix} 電子發自 \ s \\ 光子發自 \ L \end{matrix} \right\rangle = a\phi_1 + b\phi_2 \qquad (3.8)$$

　　如果光子出現在另一個偵測器 D_2，這時機率幅的形式也會和 (3.8) 式類似。為了簡單起見，我們假設系統是對稱的；這麼一來，a 也將是當電子通過 2 號孔時把光子散射進 D_2 的機率幅，而 b 就是當電子通過 1 號孔時把光子散射進 D_2 的機率幅。在 D_2 發現光子同時在 x 發現電子的總機率幅，便成為

$$\left\langle \begin{matrix} 電子在\ x \\ 光子在\ D_2 \end{matrix} \middle| \begin{matrix} 電子發自\ s \\ 光子發自\ L \end{matrix} \right\rangle = a\phi_2 + b\phi_1 \qquad (3.9)$$

好了，我們做完了。我們現在可以很容易的計算各種狀況的機率。假設我們想知道在 D_1 發現光子、在 x 發現電子的機率，答案就是(3.8)式這機率幅的絕對值的平方，亦即 $|a\phi_1 + b\phi_2|^2$。

讓我們更仔細的看一下這個答案。首先，如果 b 是零（我們希望能把實驗裝置設計成這樣），那麼答案就僅是 $|\phi_1|^2$ 再乘上一個會讓它小一些的因子 $|a|^2$。這正是只有一個孔洞時的機率分布，如同圖 3-4(a) 所示。

反過來說，如果光子有非常長的波長，那麼光子從 2 號孔散射進 D_1 的機率，可能和從 1 號孔散射進 D_1 的機率大約一樣。雖然 a

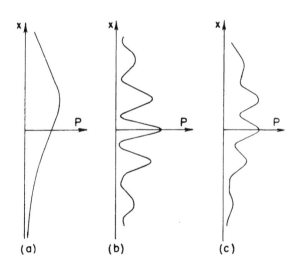

圖3-4　圖 3-3 的實驗中，在 x 發現電子、並且在 D 發現光子的機率：
(a) $b = 0$；(b) $b = a$；(c) $0 < b < a$。

與 b 可能有不同的相位，我們先考慮兩個相位相等的簡單情形；如果 a 實質上等於 b，那麼總機率就變成 $|\phi_1 + \phi_2|^2$ 乘以 $|a|^2$，因為共同因子 a 可以提出來。可是這個答案和完全沒有光子時的機率分布是一樣的。因此，如果波長非常長，光子偵測器沒有什麼效用，你就得回原先展現干涉效應的曲線，如圖 3-4(b) 所示。

如果偵測器只是部分有效，干涉就出現於很多 ϕ_1 與一些 ϕ_2 之間，干涉曲線會如圖 3-4(c) 所示。

不用說，如果條件改為在 D_2 發現光子、同時在 x 發現電子，所得到的結果也會類似。假如你還記得第 1 章的討論，你就瞭解我們現在只是將那裡的描述轉為量化的答案而已。

我們現在要強調很重要的一點，免得你犯下常見的錯誤。假設你只想知道電子抵達 x 的機率幅，**無論**有沒有在 D_1 或 D_2 偵測到光子，你應該將(3.8)式與(3.9)式的兩個機率幅加起來嗎？不！只要最終狀態（final state）不一樣，機率幅就不能相加，你**絕對不可以把對應到不同最終狀態的機率幅加起來**。一旦光子被其中一個光子偵測器（D_1 或 D_2）接收，只要我們願意，在不需進一步干擾系統的情況下，我們一定可以決定電子到底走了哪條路。那麼每一條路徑就有其完全獨立於其他路徑的機率。

再重複一次，不要把**最終**條件相異的機率幅加起來；所謂「最終」的意思是**機率**出現的時候，也就是實驗「完成」的時候。對於全部的過程完成之前，實驗中不同、但**不可分辨的**可能性的機率幅來說，你的確必須把這些機率幅加起來。在過程結束之後，你或許會說你「不要去看光子」，但那只是你的選擇，你還是不可以因此把機率幅加起來。大自然並不知道你在看什麼，它的作為不會受到你要不要去把數據記下來的影響。所以在這種狀況下，我們一定不能把機率幅加起來，我們要先取不同最終狀態的機率幅的平方，然

後再將它們加起來。因此，在 x 找到電子、同時在 D_1 或 D_2 偵測到光子的正確機率，就是

$$\left| \left\langle \begin{matrix} 電子在 \ x \\ 光子在 D_1 \end{matrix} \middle| \begin{matrix} 電子發自 s \\ 光子發自 L \end{matrix} \right\rangle \right|^2 + \left| \left\langle \begin{matrix} 電子在 \ x \\ 光子在 D_2 \end{matrix} \middle| \begin{matrix} 電子發自 s \\ 光子發自 L \end{matrix} \right\rangle \right|^2 \quad (3.10)$$

$$= |a\phi_1 + b\phi_2|^2 + |a\phi_2 + b\phi_1|^2$$

3-3 從晶體散射出來

下一個例子所談論的現象，牽涉到需要更仔細分析的機率幅干涉。我們來看中子從晶體散射出來的過程。假設有一個晶體，其中的原子排成某種週期性陣列，原子的中心有原子核，有一束中子從遠處進來。我們可以用指數 i 來標定晶體中的各個原子核，i 是從 1 到 N 的整數（1、2、3、……N），N 等於原子的總數。

我們的問題就是，計算出中子會跑進圖 3-5 所示的計數器中的機率。對於任何一個特定的原子 i 來說，中子到達計數器的機率幅，是中子從中子源跑到原子核 i 的機率幅，乘以它會被散射的機率幅 a，再乘上它從 i 跑到計數器 C 的機率幅。我們把它寫下來：

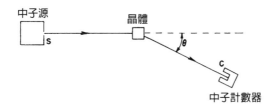

圖 3-5　測量晶體造成的中子散射

$$\langle \text{中子在 } C \,|\, \text{中子發自 } S\rangle_{\text{經由 } i} = \langle C \,|\, i\rangle \, a \, \langle i \,|\, S\rangle \qquad (3.11)$$

在上式中，我們假設了 a 對於所有的原子來說都是一樣的。

現在我們有一大堆很顯然是不可分辨的途徑。它們不可分辨的原因是，低能量中子可以從原子核散射出來，而不把原子敲離它在晶體中的位置，也就是說散射後不會留下「紀錄」。根據前面的討論，中子跑到 C 的總機率幅，是把(3.11)式對於所有原子的結果累加起來：

$$\langle \text{中子在 } C \,|\, \text{中子發自 } S\rangle = \sum_{i=1}^{N} \langle C \,|\, i\rangle \, a \, \langle i \,|\, S\rangle \qquad (3.12)$$

因為我們要把不同原子所造成的散射的機率幅加起來，各個機率幅會具有導致干涉圖樣的相位，就好像光從光柵散射出來那樣。

這樣的實驗中，中子強度於不同角度的變化，的確經常顯示出很大的起伏，強度在某個角度會出現非常尖銳的干涉高峰，而高峰與高峰之間卻幾乎什麼也沒有，如同圖 3-6(a) 所示。

不過對於某些晶體來說，事情並不是這樣的，除了前面描述過的干涉尖峰之外，在各個方向上有一般性的背景散射。我們必須設法瞭解這個現象的神祕理由。這麼講吧，我們忽略了中子很重要的一項性質。中子的自旋是 1/2，所以它可以處於兩種狀態：自旋向「上」（例如垂直於圖 3-5 的紙面)，或是向「下」。如果晶體原子核也有自旋，例如自旋 1/2，你就會發現前面所描述延展成一片的背景散射。原因是這樣子的：

如果中子和原子核有相同（同向）的自旋，則自旋在散射過程中不會改變。如果中子和原子核有相反（反向）的自旋，那麼散射可以有兩種情況，其中一種是自旋沒有改變，另外一種則是中子和原子核交換了自旋。總自旋（自旋的和）仍維持不變，這類似於古

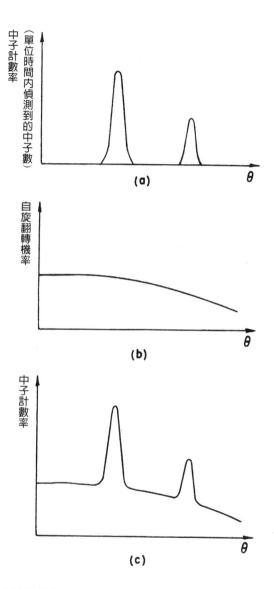

圖3-6 中子計數率於不同角度的變化情形：(a) 原子核的自旋為零；
(b) 自旋翻轉的散射機率；(c) 原子核自旋為 1/2 時的中子計數
率。

典的角動量守恆律。只要假設所有原子核的自旋都被安排在同一方向，我們就可以瞭解這個現象。中子如果也有和原子核一樣的自旋，它散射後會造成預期的尖銳干涉分布。但如果自旋是相反的話呢？如果散射不會造成自旋的改變，則一切都和上面所講的一樣；但是如果兩個自旋在散射過程中顛倒了過來，那麼我們原則上就可以發現是從哪個原子核散射出來的，因為那個原子核是唯一自旋翻轉過來的原子核。如果我們可以知道造成散射的那個原子，那麼其他的原子又會和這散射過程有什麼關係？當然是沒有。這樣的散射，和中子與單一個原子的散射完全一樣。

如果要把這個效應包括進來，我們必須修改(3.12)式這數學式子，因為我們沒有在那個分析中完整描述系統的狀態。我們先假設來自中子源的所有中子都有向上的自旋，同時晶體的所有原子核都有向下的自旋。我們首先想知道以下情況的機率幅：計數器所發現的中子帶有向上的自旋，**而且**晶體所有的自旋仍然全部向下。這個狀況和以前的討論並沒有不同。我們令 a 為自旋沒有翻轉的散射的機率幅。來自第 i 個原子的散射的機率幅，當然就是

$$\langle C_{向上}, 晶體自旋全向下 \mid S_{向上}, 晶體自旋全向下 \rangle = \langle C \mid i \rangle a \langle i \mid S \rangle$$

既然所有原子自旋還是向下的，各種可能的途徑（不同的 i 值）便不可分辨，我們顯然沒法知道究竟是哪個原子造成了散射。所以對於這個過程來說，所有的機率幅都得加起來，也就是都會相互干涉。

然而我們還有另一種狀況，那就是被偵測到的中子帶有向下的自旋，儘管它從中子源出發的時候帶有向上的自旋；所以晶體中的某個自旋，譬如說第 k 個原子的自旋，必須改成為向上的自旋。我們假設對於每個原子來說，自旋翻轉過來的機率幅是一樣的，而稱

這個機率幅為 b。（在眞實的晶體中，還有個麻煩的可能性，翻轉過來的自旋會移動到另一個原子上；不過我們假設對於所選用的晶體來說，這種過程的機率很低。）因此散射機率幅就是

$$\langle C_{\text{向下}}, \text{原子核 } k \text{ 自旋向上} \mid S_{\text{向上}}, \text{晶體自旋全向下} \rangle = \langle C \mid k \rangle b \langle k \mid S \rangle$$

$$(3.13)$$

所以，我們發現中子的自旋向下、而且第 k 個原子核的自旋向上的機率，會等於上面這個機率幅的絕對值的平方，也就是 $|b|^2$ 乘上 $|\langle C \mid k \rangle \langle k \mid S \rangle|^2$。第二項因子幾乎和晶體中的位置無關，同時由於取絕對值的關係，所有的相位都消失了。在自旋翻轉的情況下，從晶體中**任何原子核**散射的機率就是

$$|b|^2 \sum_{k=1}^{N} |\langle C \mid k \rangle \langle k \mid S \rangle|^2$$

這個答案會展現出如圖 3-6(b) 中的平滑分布。

你或許會爭論說：「我不在乎那個原子有向上的自旋」；你也許不在乎，但是大自然知道，而且事實上機率就是上面這個式子——並沒有任何干涉。反過來說，我們如果想知道計數器發現向上的自旋而且所有原子核有向下自旋的機率幅是什麼，則我們必須取

$$\sum_{i=1}^{N} \langle C \mid i \rangle a \langle i \mid S \rangle$$

的絕對值平方。既然累加中的每一項都有其相位，它們會相互干涉，我們就會有尖銳的干涉圖樣。我們如果在實驗中不去觀測所偵測到中子的自旋，則兩種過程都可能發生，所以兩種機率必須加起來。總機率（或中子計數率，就是單位時間內偵測到的中子數）於

不同角度的變化情形就會如圖 3-6(c) 所示。

　　我們來回顧一下實驗背後的物理。如果你在**原則上**可以區別不同的**最終**狀態（即使你不去這麼做），最後的總機率得自於計算出每個終態的**機率**（不是機率幅），然後將它們加起來。如果你即使就**原則**而論，都**不能**區分出最終狀態，那麼機率幅必須在取絕對值平方以得到真正的機率之前加起來。

　　你必須特別注意的一件事是，如果你想只用波來代表中子，則會發現向下自旋中子的散射與向上自旋中子的散射有相同的分布。因為你必須說「波」會來自所有相異的原子，因此對於自旋向上的中子來說，只要波長一樣，則也有一樣的干涉。然而我們知道事情其實不是這樣子的，所以和我們以前所講的一樣，我們必須小心的不要賦予空間中的波太多實際上的意義。波的講法對於某些問題來說是有用的，但並不能適用於所有的問題。

3-4 全同粒子

　　量子力學最漂亮的結果之一，展現於我們要描述的下一個實驗。這個實驗再次牽涉到，一件事能夠以兩種**不可分辨**的方式發生的這類物理狀況，所以有機率幅的干涉，在這種狀況下**一定**是這樣子的。

　　我們要描述的是，原子核與其他原子核在低能量時的散射。我們先考慮 α 粒子（你知道它只是氦原子核）轟擊原子的情形，譬如說轟擊氧。為了便於分析，我們將從質心座標系來看這個反應，因此氧原子核與 α 粒子的方向在碰撞前與碰撞後都剛好是相反的，見圖 3-7(a)。（速度的大小當然是不一樣的，因為兩者質量不同。）

　　我們假設能量是守恆的，同時碰撞的能量夠低，低到碰撞粒子

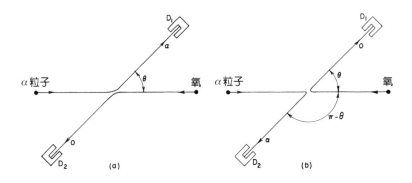

圖3-7 從質心座標系看 α 粒子和氧原子核的散射

不會分裂開來，或變成受激態。兩個粒子會相互讓對方偏轉的原因，當然是每個粒子都帶有正電荷，因此就古典物理而言，它們相遇時彼此有靜電排斥力。散射可以發生在各種角度，但是不同角度會有不同的散射機率；我們想討論一下這種散射與角度的關係。（我們當然可以用古典方式來計算；一件天大的巧合就是，量子力學的答案恰好和古典力學的答案一樣，這是非常奇怪的，因為只有滿足平方反比律的力才會如此，其他的力都不會這樣，所以這的確是巧合而已。）

　　各種角度的散射機率可以用圖3-7(a) 所示的實驗來測量。在位置1的計數器可以設計成只能偵測 α 粒子，而在位置2的計數器可以設計成只能偵測氧原子核，這些只是用來檢驗結果。（在實驗室座標系，偵測器並不會在相反的位置，但在質心座標系它們是這樣。）我們的實驗就是在測量各個方向的散射機率。令 $f(\theta)$ 是粒子散射進 θ 角的機率幅，則 $|f(\theta)|^2$ 就是實驗要求的機率。現在我們考慮另一個實驗，計數器可以偵測 α 粒子或氧原子核。我們想瞭解如果不管何種粒子被計數時，會發生什麼事。當然，如果在 θ 角有一

個氧，就有一個 α 粒子在相反一邊的 $\pi - \theta$ 角處，如圖 3-7(b)。假設 $f(\theta)$ 是 α 粒子散射進 θ 角的機率幅，那麼 $f(\pi - \theta)$ 就是氧散射進 θ 角的機率幅。*所以在位置 1 的偵測器發現**某個**粒子的機率是：

$$\text{在 } D_1 \text{ 發現某個粒子的機率} = |f(\theta)|^2 + |f(\pi - \theta)|^2 \qquad (3.14)$$

請注意這兩個狀態原則上是可以分辨的。雖然我們在實驗中並不去區分它們，但是我們**可以**這麼做。根據前面的討論，我們必須把機率而不是機率幅加起來。

　　以上的結果適用於一些不同的靶原子核，例如 α 粒子撞擊氧、碳、鈹、氫等等。但對 α 粒子撞 α 粒子而言，**這個答案卻是錯的**。如果對撞的兩個粒子完全一樣，則實驗數據就與(3.14)式的預測不符。例如，90° 角的散射機率正好是前面預測值的兩倍，而且這個結果和粒子是「氦」原子核沒有關係。如果靶是 He^3，但是入射粒子卻是 α 粒子（He^4），那麼實驗的結果就和預測一致。只有當靶也是 He^4，因此靶和入射的 α 粒子都是一樣的粒子的時候，散射機率與角度的關係才比較奇怪。

　　也許你已經看出該如何解釋這種情形。有兩種方法可以讓一個 α 粒子進入計數器：把入射的 α 粒子散射到 θ 角，或是把它散射到 $\pi - \theta$ 角。我們怎麼知道到底是入射粒子，還是靶粒子跑進計數器裡了呢？答案是我們沒辦法知道！在 α 粒子撞擊 α 粒子的情形下，有兩種我們無法分辨的可能途徑，所以我們必須讓**機率幅**彼此干

---

*通常，散射角由兩個角度描述：極角 ϕ 及方位角 θ。當我們說氧原子核 (θ, ϕ) 處，意味著 α 粒子是在 $(\pi-\theta, \pi+\phi)$。然而，在庫侖散射時（與其他的例子），散射機率幅與 ϕ 無關。因此，氧在 θ 的機率幅與 α 粒子在 $\pi-\theta$ 的機率幅相等。

涉，方法就是把它們加起來。這樣一來，在計數器中發現一個 α 粒子的機率是機率幅之和的平方：

$$在 D_1 發現 α 粒子的機率 = |f(\theta) + f(\pi - \theta)|^2 \qquad (3.15)$$

這個結果與(3.14)式的答案很不一樣。我們可以用 π/2 角度做為例子，因為答案很容易算出來。如果 $\theta = \pi/2$，我們顯然會有 $f(\theta) = f(\pi - \theta)$，所以(3.15)式的機率就成為 $|f(\pi/2) + f(\pi/2)|^2 = 4|f(\pi/2)|^2$。

另一方面，如果它們不相互干涉，(3.14)式只會得到 $2|f(\pi/2)|^2$ 而已。所以90°角的散射機率是預期值的兩倍。其他角度的結果當然也會不一樣。所以當碰撞粒子是全同粒子（identical particles）的時候，你會得到不尋常的結果，某種新鮮的事情發生了，但如果粒子是可以分辨的，就不會這樣。以數學來說，你必須把兩種過程的機率幅加起來，這兩種過程的區別只在於粒子互換了角色，因此出現干涉。

一個更令人困惑的情況是電子和電子的散射，或是質子和質子的散射，這時上面兩種結果都不對！對於這些粒子來說，我們必須採用一條新規則，一條非常奇怪的規則：如果你有一種情況，其中到達某處的電子和另外一個電子交換了身分，那麼新的機率幅會以**相反的相位**與原來的機率幅干涉。也就是說，我們仍然有干涉，但是卻得用上**負號**。在 α 粒子的例子中，當你把進入偵測器的 α 粒子交換過來，相互干涉的機率幅是以**正號**來干涉。但是**在電子的情況，因電子互換而相互干涉的兩種機率幅必須以負號來干涉**。除了以下將談到的另外一項細節，對於參與如次頁的圖3-8所示實驗的電子來講，適當的方程式是

$$在 D_1 發現電子的機率 = |f(\theta) - f(\pi - \theta)|^2 \qquad (3.16)$$

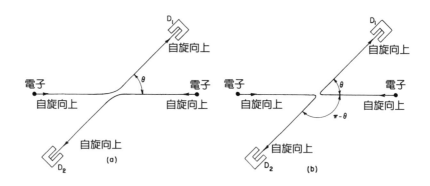

圖3-8　電子和電子的散射。如果入射粒子有同向的自旋，則過程 (a)
　　　　與 (b) 是不可分辨的。

　　然而上面的說明必須加上但書，因為我們還沒有把電子自旋考
慮進來（α粒子沒有自旋）。對於散射平面而言，電子自旋可以是
「向上」或「向下」。如果實驗能量夠低，電流所導致的磁力會很
小，則自旋不會受到影響；我們這裡的分析將假設事情的確是如
此，所以自旋在碰撞過程中不會改變。無論電子的自旋為何，電子
是帶著它走。現在你就看得出來有很多種可能的情況：入射粒子與
靶粒子可以有都是向上的自旋，或都是向下的自旋，或兩者反向的
自旋。如果兩個自旋都是向上，如圖3-8所示（或自旋都向下），則
碰撞後的自旋也是這樣，因此這個過程的**機率幅**是兩個可能情況
（如圖3-8(a) 和　(b) 所示）的機率幅之差，在 D_1 偵測到電子的**機率**
就是(3.16)式。

　　不過，如果「入射」自旋是向上的，而「靶」自旋是向下的，
那麼進入 1 號計數器的電子就可以有向上或向下的自旋，我們只要
測量自旋就可以知道 D_1 內的電子究竟是來自入射束或者來自靶。
這兩種可能性顯示於圖3-9(a) 與 (b)，原則上它們是可以分辨的，

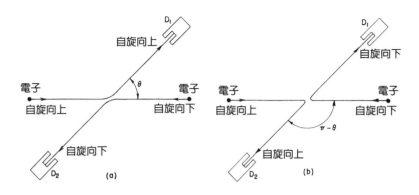

<u>圖 3-9</u>　自旋反向的兩個電子的散射

所以沒有干涉現象，我們只是把兩個機率加起來。如果原來的兩個自旋與上面所說的相反（亦即左邊的自旋向下，右邊的自旋向上），那麼同樣的論證也還是成立。

　　如果入射電子的自旋不是固定的、而是隨機的（譬如來自鎢絲的電子就是完全未極化的），那麼任何特定入射電子帶有向上或向下自旋的機會就各是一半。假如我們不在實驗中的任何點去測量電子自旋，則我們就有了所謂的未極化實驗（unpolarized experiment）。

　　為了計算這種實驗的結果，最好將所有的可能性列出來，如同表 3-1 所示。每個可分辨的可能性都有其**機率**，我們需算出這些個別的機率。總機率就是個別機率的和。

　　請注意，對於未極化的入射束來說，$\theta = \pi/2$ 的結果是古典結果的一半。（在古典物理中，粒子是可分辨粒子。）全同粒子的行為具有很多有趣的結果；我們在下一章會更詳細的來討論。

表 3-1　末極化自旋 1/2 粒子的散射

所占的比例	1 號粒子的自旋	2 號粒子的自旋	在 D_1 的自旋	在 D_2 的自旋	機率
$\frac{1}{4}$	上	上	上	上	$\lvert f(\theta) - f(\pi - \theta)\rvert^2$
$\frac{1}{4}$	下	下	下	下	$\lvert f(\theta) - f(\pi - \theta)\rvert^2$
$\frac{1}{4}$	上	下	上	下	$\lvert f(\theta)\rvert^2$
			下	上	$\lvert f(\pi - \theta)\rvert^2$
$\frac{1}{4}$	下	上	上	下	$\lvert f(\pi - \theta)\rvert^2$
			下	上	$\lvert f(\theta)\rvert^2$

總機率 $= \frac{1}{2}\lvert f(\theta) - f(\pi - \theta)\rvert^2 + \frac{1}{2}\lvert f(\theta)\rvert^2 + \frac{1}{2}\lvert f(\pi - \theta)\rvert^2$

第4章

全同粒子

4-1 玻色子與費米子

　　我們在上一章開始考慮某些干涉現象的特別法則，這些現象發生於牽涉到兩個**全同**粒子的過程。所謂的**全同**粒子，指的是像電子這種無法將它們分辨開來的東西，所有的電子都是一樣的，我們無法分辨哪個電子是哪個。如果有個過程牽涉到全同的兩個粒子，假設把進入計數器的兩個粒子對調，這個情形和原先未對調的情形是不可辨別的，所以這種情形（和其他所有不可分辨的可能性一樣）會和原來的情形相互干涉。那麼一個事件的機率幅就是兩個干涉的機率幅的和；但是，很有趣的，這干涉在某些情形下是以**相同**的相位干涉，在另一些情形則是以**相反**的相位干涉。

　　假設 a 粒子與 b 粒子碰撞，其中 a 粒子散射到方向 1，b 粒子散射到方向 2，如圖 4-1(a) 所示。令 $f(\theta)$ 為這個過程的機率幅，則觀察到這種事件的機率 P_1 就和 $|f(\theta)|^2$ 成正比。當然，b 粒子也可能散射到方向 1，而 a 粒子散射到方向 2，如圖 4-1(b) 所示。假設沒有什麼特定的方向被自旋的方向（或類似的東西）所指定下來，那麼這個過程的機率 P_2 只是 $|f(\pi - \theta)|^2$，因為只要把第一個過程中的 1 號計數器移到 $\pi - \theta$ 角，就等於第二個過程。你或許會想，第二個過程的**機率幅**只是 $f(\pi - \theta)$ 而已，但並不必然是如此，因為可能存在一個任意的相位因子。換句話說，機率幅可能等於

$$e^{i\delta} f(\pi - \theta)$$

　　請複習：第 I 卷第 41 章〈布朗運動〉中的黑體輻射，以及第 I 卷第 42 章〈分子運動論的應用〉。

這樣的機率幅所導致的機率仍然是 $P_2 = |f(\pi - \theta)|^2$。

如果 a 和 b 是全同粒子，那麼會發生什麼事？這時圖 4-1 中兩個圖所顯示的兩個不同過程是不可分辨的。考慮 a 或 b 其中一個粒子跑進 1 號計數器，而另外一個粒子跑進 2 號計數器的情況；這種情況的機率幅是圖 4-1 所示兩個過程的機率幅的和。

如果第一個過程的機率幅為 $f(\theta)$，那麼第二個的機率幅就是 $e^{i\delta}f(\pi - \theta)$，其中 $e^{i\delta}$ 這一個相位因子非常重要，因為我們將要把這兩個機率幅加起來。假設我們在交換兩個粒子的角色的時候，必須對機率幅乘上某個相位因子；如果我們再次交換它們，我們還是得乘上同樣的相位因子。不過這麼一來，我們就回到原先的過程。乘了兩次相位因子之後，就回到出發點，因此相位因子的平方必須等於 1。於是我們只有兩種可能的相位因子：$e^{i\delta}$ 只能等於 1，或是等於 － 1。所以交換後的機率幅是以**同（正）**號或**異（負）**號來貢獻到總機率幅。

這兩種情形都會出現於大自然中，對於某一類粒子而言，我們

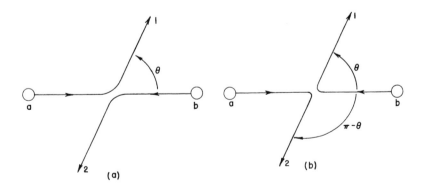

圖4-1 對於兩個全同粒子的散射而言，過程 (a) 與過程 (b) 是不可以分辨的。

必須用上正號，對於另一類粒子，我們必須用負號。以正號干涉的粒子稱為**玻色子**（bose particle，或 boson），以負號干涉的粒子稱為**費米子**（fermi particle，或 fermion）。玻色子的例子包括光子、介子、重力子，費米子的例子包括電子、緲子、微中子、核子、重子。所以全同粒子散射的機率幅是：

玻色子：

$$（直接機率幅）＋（交換機率幅） \tag{4.1}$$

費米子：

$$（直接機率幅）－（交換機率幅） \tag{4.2}$$

對於帶有自旋的粒子（例如電子）而言，還有一個額外的問題。我們除了講明粒子的位置之外，還要指出它們自旋的方向。只有當全同粒子處於**相同的自旋狀態**時，粒子交換才會導致機率幅的干涉。如果你所考慮的問題是未極化入射束的散射，也就是裡面混合了不同的自旋狀態，那麼你得多做一些額外的算術。

如果有兩個或多個粒子緊密束縛在一起，就會出現一個有趣的問題。譬如說，一個 α 粒子裡面有四個粒子——兩個中子和兩個質子，因此當兩個 α 粒子散射時，就會有好幾種可能的情況。一種情形是在散射的時候，一個 α 粒子裡的中子之一可能會跳躍到另外一個 α 粒子裡，而另一個 α 粒子裡的一個中子可能會反向跳過來，使得散射後的兩個 α 粒子並不是原來的粒子，它們交換了一對中子。見圖 4-2。

如果有一對中子交換了，這種散射的機率幅，與沒有交換情況的機率幅會相互干涉，而且這個干涉必須是以負號（即相減）來干涉，因為所交換的是一對費米子。反過來說，如果兩個 α 粒子的相對能量低到它們的距離保持相當遠，例如由於庫侖排斥力，以致於

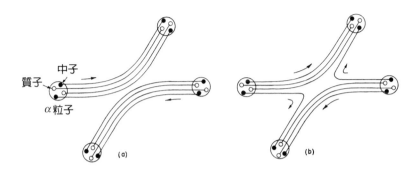

質子
中子
α粒子
(a)
(b)

圖 4-2　兩個 α 粒子的散射。在 (a) 中，兩個粒子保持它們的身分；在 (b) 中，碰撞時交換了一個中子。

交換任何內在粒子的機率都很小，我們就可以把 α 粒子當成是一簡單的物體，而不必去擔心其內部細節。在這種情形下，散射機率只有兩種貢獻：一種是沒有任何交換，另一種是四個核子（兩個中子和兩個質子）在散射中全交換了。既然 α 粒子中的質子和中子全是費米子，任何一對的交換會改變散射機率幅的正負號。只要 α 粒子的內部沒有改變，交換兩個 α 粒子等於交換四對費米子。每一對都會讓正負號改變一次，所以最後的結果是機率幅以正號相結合（即相加），α 粒子的行為就像是玻色子。

所以規則是：複合物體（composite object）在可以當成簡單物體的情況下，可以是費米子，也可以是玻色子，一切取決於它們包含了奇數個或偶數個費米子。

我們提過的所有費米子，例如電子、質子、中子等等，全都有 $j = 1/2$ 的自旋。如果幾個這種費米子聚在一起，形成一個複合物體，則總自旋可以是整數或是半整數；例如，有兩個中子和兩個質子的一般氦同位素（He^4）有零自旋，但是有三個質子與四個中子

的 Li^7 有 $j = 3/2$ 的自旋。我們以後會學到複合角動量的規則，但是，現在我只想告訴你，每個帶有**半整數自旋**的複合物體就像是一個**費米子**，且每個帶有**整數自旋**的複合物體就像是一個**玻色子**。

　　這引出了一個有趣的問題：為什麼帶半整數自旋的粒子是費米子（費米子的機率幅是以負號相結合）？而帶整數自旋的粒子則是玻色子（玻色子的機率幅是以正號相結合）？我們很抱歉不能給你一個簡單的解釋。包立（Wolfgang Pauli, 1900-1958）從量子場論與相對論出發，以複雜的方法推導出了一個解釋。他證明了量子場論必須搭配相對論才能解釋前面的問題。我們希望能用更基本的方式來複製他的論證，但是一直未能成功。這似乎是物理中少見的情況之一，一個很容易說明的規律卻找不到一個簡易的解釋。已知的解釋需要用到相對性量子力學中深奧的概念。這或許代表我們還不完全瞭解所牽涉到的基本原理。目前你只能接受它是自然的規律之一。

4-2　兩個玻色子的狀態

　　我們現在想討論一項玻色子相加法則的有趣結果，它和有好幾個玻色子同時存在時的行為有關。我們先考慮兩個玻色子從兩個不同的散射體散射出來的情形。我們不去擔心散射機制的細節，而只對散射粒子會發生什麼事情感興趣。假設我們有圖 4-3 所顯示的狀況。a 粒子散射成狀態 1，b 粒子散射成狀態 2，所謂的**狀態**指的是某個確定的方向與能量，或某種其他狀況。（我們最後想知道的是，兩個粒子散射到相同方向或狀態的機率幅，但我們最好先考慮，在狀態只是幾乎一樣的情況下，會發生什麼事，然後再瞭解當狀態相同時會如何。）

　　如果我們只有 a 粒子，那麼就有某個機率幅 $\langle 1 \mid a \rangle$ 讓 a 能散

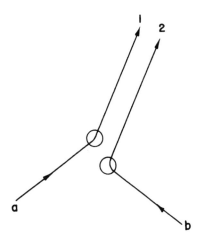

圖4-3　散射進相鄰終態的雙重散射

射到方向 1。同樣的，如果只有 b 粒子，則會有機率幅 $\langle 2 \mid b \rangle$ 讓 b 跑到方向 2。假如 a 和 b 不是全同粒子，那麼這兩個散射同時發生的機率幅，就只是乘積

$$\langle 1 \mid a \rangle \langle 2 \mid b \rangle$$

而這種事件的機率就是

$$|\langle 1 \mid a \rangle \langle 2 \mid b \rangle|^2$$

這也等於

$$|\langle 1 \mid a \rangle|^2 |\langle 2 \mid b \rangle|^2$$

為了寫起來方便，我們有時候用以下的記號

$$\langle 1 \mid a \rangle = a_1, \qquad \langle 2 \mid b \rangle = b_2$$

這麼一來，雙重散射的機率就是

$$|a_1|^2 |b_2|^2$$

b 粒子當然也可能往方向 1 散射，而 a 粒子會散射進方向 2，這個過程的機率幅是

$$\langle 2 \mid a \rangle \langle 1 \mid b \rangle$$

這種事件發生的機率是

$$|\langle 2 \mid a \rangle \langle 1 \mid b \rangle|^2 = |a_2|^2 |b_1|^2$$

現在想像我們有一對很小的計數器，可以抓住這兩個散射的粒子；計數器會同時發現這兩個粒子的機率 P_2 只是以下的和：

$$P_2 = |a_1|^2 |b_2|^2 + |a_2|^2 |b_1|^2 \qquad (4.3)$$

假設方向 1 和方向 2 非常接近；因為我們預期 a 在方向改變時的變化很平緩，所以當 1 靠近 2 時，a_1 和 a_2 也一定互相接近。如果它們靠得夠近，機率幅 a_1 就等於機率幅 a_2。我們便令 $a_1 = a_2$，然後稱它們為 a；同樣的，我們令 $b_1 = b_2 = b$。在這種情況下，我們得到

$$P_2 = 2|a|^2 |b|^2 \qquad (4.4)$$

但如果 a 和 b 是全同玻色子，那麼「a 跑到 1 且 b 跑到 2」的過程，便與「a 跑到 2 而 b 跑到 1」的交換過程不可分辨，那麼這兩個不同過程的**機率幅**便可以相互干涉；因此兩個計數器各找到一個粒

子的**總機率幅**是

$$\langle 1 \mid a \rangle \langle 2 \mid b \rangle + \langle 2 \mid a \rangle \langle 1 \mid b \rangle \tag{4.5}$$

所以我們抓到一對粒子的機率，就是這機率幅的平方：

$$P_2 = |a_1 b_2 + a_2 b_1|^2 = 4|a|^2 |b|^2 \tag{4.6}$$

我們的結果是，兩個**全同**玻色子散射到相同狀態的**機率**，是**兩倍**於兩個**相異**粒子散射到相同狀態的**機率**。

　　雖然我們所考慮的是用兩個計數器來分別**觀測**兩個粒子，但並非必得如此，原因如下。假定無論是方向 1 或方向 2，粒子都會被帶到稍遠的**單一**計數器內；我們把方向 1 定義成，讓粒子進入計數器中 dS_1 表面積元（element of surface area）裡的方向，而把方向 2 定義成讓粒子進入計數器中 dS_2 表面積元裡的方向。（我們假設，計數器的表面與散射方向垂直。）我們無法給出讓粒子進入某一精確方向或空間中某一**特定點**的機率，這是不可能的，因為對於任何精確的方向來說，機率都是零。如果我們想明確一些，我們必須適當的定義機率幅，以便得到粒子進入計數器上**單位面積**的機率。假設我們只有 a 粒子，它會有某個機率幅讓它散射到方向 1；我們將 $\langle 1 \mid a \rangle = a_1$ 定義為，a 會散射到在方向 1 的計數器中**單位面積裡**的機率幅。換句話說，我們選擇適當的 a_1 定義，或是說適當的將 a_1「歸一化」，好讓粒子**散射進** dS_1 **表面積元**的機率是

$$|\langle 1 \mid a \rangle|^2 \, dS_1 = |a_1|^2 \, dS_1 \tag{4.7}$$

如果計數器的總面積是 ΔS，而且考慮面積上的各個 dS_1，那麼 a 粒子會散射進計數器的總機率便是

$$\int_{\Delta S} |a_1|^2 \, dS_1 \tag{4.8}$$

和以前一樣，我們假設計數器夠小，以致機率幅 a_1 不會在計數器表面各處有很大的變化；那麼 a_1 就可以當成是恆定的機率幅，稱為 a。因此 a 粒子會散射到計數器中某個地方的機率就是

$$p_a = |a|^2 \, \Delta S \tag{4.9}$$

同樣的，當 b 粒子是單獨一個的時候，它會散射到某個表面積元 dS_1 的機率是

$$|b_2|^2 \, dS_2$$

（用 dS_2 而不是 dS_1 的原因是，我們待會要讓 a 和 b 跑到不同的方向。）再次的，我們令 b_2 等於恆定機率幅 b，那麼 b 粒子進入計數器的機率是

$$p_b = |b|^2 \, \Delta S \tag{4.10}$$

如果兩個粒子同時存在，則 a 散射進 dS_1，同時 b 散射進 dS_2 的機率是

$$|a_1 b_2|^2 \, dS_1 \, dS_2 = |a|^2 |b|^2 \, dS_1 \, dS_2 \tag{4.11}$$

如果想得到 a 和 b **兩者**都跑進計數器中的機率，我們只要積分 dS_1 與 dS_2，積分範圍是計數器的面積 ΔS，於是得到

$$P_2 = |a|^2 |b|^2 \, (\Delta S)^2 \tag{4.12}$$

順帶一提，這只是等於 $p_a \cdot p_b$，就好像 a 跟 b 是相互獨立那般。

但如果兩個粒子是全同粒子，對於每一對表面積元 dS_1 與 dS_2

來說，有兩種不可以辨別的可能性。「a 粒子進入 dS_2 與 b 粒子進入 dS_1」這過程，和「a 進入 dS_1 而 b 進入 dS_2」的過程是不可分辨的，所以這些過程的機率幅會相互干涉。（如果這兩個粒子是**不同**的粒子，儘管我們**事實上**不在乎哪個粒子跑進了哪個計數器，**原則上**我們可以知道哪個粒子進入了哪個計數器，所以機率幅不會干涉。但對於全同粒子來說，我們即使就原則而言都無法知道。）因此兩個粒子抵達 dS_1 與 dS_2 的機率是

$$|a_1 b_2 + a_2 b_1|^2 \, dS_1 \, dS_2 \tag{4.13}$$

不過當我們積分 dS_1 與 dS_2 的時候，必須小心：只要 dS_1 與 dS_2 的積分範圍都是計數器全部的面積，我們就會把每塊面積重複計算兩次，因為(4.13)式把任意一對表面積元 dS_1 與 dS_2 可能發生的事都包括在內。* 我們依然可以照常把積分算出來，但是必須將結果除以 2，以避免重複計算的問題。對於全同玻色粒子而言，機率 P_2 等於

$$P_2(\text{玻色子}) = \tfrac{1}{2}\{4|a|^2|b|^2 (\Delta S)^2\}$$
$$= 2|a|^2|b|^2 (\Delta S)^2 \tag{4.14}$$

再次的，這個答案是可分辨粒子結果(4.12)式的兩倍。

如果我們知道 b 管道已經將其粒子散射進某個特定方向，我們

---

*原注：在(4.11)式中，dS_1 與 dS_2 交換會是不同的事件，所以兩個表面積元的積分範圍都必須是計數器全部的面積。在(4.13)式中，我們把 dS_1 與 dS_2 當成一對，而且把可能發生的每件事都包括在內。如果積分再把 dS_1 與 dS_2 交換後所發生的事包含進來，每件事都計算了兩次。

可以說第二個粒子也散射到相同方向的**機率**，比我們把兩者當成獨立事件而算得的機率大一倍。玻色子的性質之一就是，如果已經有一個玻色子處於某種狀態，則這個狀態獲得第二個玻色子的**機率**，比起原先並沒有粒子已經處於這狀態、而玻色子將首次進入這個狀態的機率要大上一倍。

　　我們也常常這樣敘述這件事實：如果已經有一個玻色子處於某已知狀態、再加一個全同玻色子到這個狀態的機率幅，與原本並沒有任何粒子處於這個狀態、讓一個玻色子進入這個空狀態的機率幅相比，前者是後者的 $\sqrt{2}$ 倍。（就我們所採取的物理觀點而論，這不是敘述結果的適當方式，但是如果把它當成規則一致的來使用，它當然會導致正確的結果。）

4-3 n 個玻色子的狀態

　　我們現在要把以上的結果，推廣到 n 個玻色子的情形。考慮圖 4-4 所示的狀況，有 n 個粒子 a、b、c、……，它們散射進方向

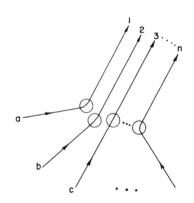

圖 4-4　n 個粒子散射進相鄰的終態

1、2、3、……、n。所有 n 個方向都指向遠處一個小計數器。和上一節一樣,我們會把所有的機率幅適當的「歸一化」,以便讓每個粒子單獨進入計數器上表面積元 dS 中的機率成為

$$|\langle \quad \rangle|^2 \, dS$$

我們首先假設粒子全都是可分辨的粒子,那麼 n 個粒子一起進入 n 個不同表面積元的機率是

$$|a_1 b_2 c_3 \cdots|^2 \, dS_1 \, dS_2 \, dS_3 \cdots \qquad (4.15)$$

我們再次假設機率幅與 dS 在計數器中的位置無關(假設計數器很小),所以只把它們稱為 a、b、c、……。(4.15)式的機率幅就變成

$$|a|^2 |b|^2 |c|^2 \cdots dS_1 \, dS_2 \, dS_3 \cdots \qquad (4.16)$$

我們積分每個 dS,積分範圍是計數器的面積 ΔS,得到同時發現 n 個相異粒子的機率 P_n(相異粒子)等於

$$P_n \, (\text{相異粒子}) = |a|^2 |b|^2 |c|^2 \cdots (\Delta S)^n \qquad (4.17)$$

這個答案只是把每個粒子分別進入計數器的機率相乘起來而已。它們是相互獨立的,一個粒子進入計數器的機率,並不取決於別的粒子是否也會進入。

現在假設所有的粒子是全同玻色子。對於每組方向 1、2、3、……而言,存在著許多不可以分辨的可能性。例如說有三個玻色子,那麼我們就有以下六種可能:

$$
\begin{array}{lll}
a \to 1 & a \to 1 & a \to 2 \\
b \to 2 & b \to 3 & b \to 1 \\
c \to 3 & c \to 2 & c \to 3 \\
\\
a \to 2 & a \to 3 & a \to 3 \\
b \to 3 & b \to 1 & b \to 2 \\
c \to 1 & c \to 2 & c \to 1
\end{array}
$$

總共有六種不同的組合。如果有 n 個粒子，我們就會有 $n!$ 種不同、但**不可以辨別**的可能性，我們得把這些可能性的機率幅加起來。所以 n 個粒子會在 n 個表面積元被發現的機率是

$$
\begin{aligned}
& |a_1 b_2 c_3 \cdots\cdots + a_1 b_3 c_2 \cdots\cdots + a_2 b_1 c_3 \cdots\cdots \\
& + a_2 b_3 c_1 \cdots\cdots + \text{等等} + \text{等等} \, |^2 \, dS_1 \, dS_2 \, dS_3 \cdots\cdots dS_n
\end{aligned}
\tag{4.18}
$$

我們再次假設所有的方向都非常接近，所以我們令 $a_1 = a_2 = \cdots\cdots = a_n = a$，對於 b 和 c 也是一樣；這麼一來，(4.18)式的機率幅便成為

$$
|n!\, abc \cdots\cdots |^2 \, dS_1 \, dS_2 \cdots\cdots dS_n
\tag{4.19}
$$

　　如果我們積分每個 dS，而且積分範圍是計數器的面積 ΔS，那麼每個可能的表面積元乘積就會給計算了 $n!$ 次，所以我們必須除以 $n!$，以避免重複計算；最後的答案是

$$
P_n(\text{玻色子}) = \frac{1}{n!} \, |n!\, abc \cdots\cdots |^2 \, (\Delta S)^n
$$

或是

$$
P_n(\text{玻色子}) = n! \, |abc \cdots\cdots |^2 \, (\Delta S)^n
\tag{4.20}
$$

把這個結果與(4.17)式比較，我們會看到，發現 n 個玻色子在一起的機率，比把它們當成可以分辨粒子而去算得的機率大，前者是後者的 $n!$ 倍。我們可以把結果歸納成這個式子：

$$P_n(\text{玻色子}) = n!\, P_n(\text{相異粒子})\qquad(4.21)$$

所以對於玻色子來說，機率會比你在粒子是相互獨立的這一假設下
計算所得的結果，多了一項 $n!$ 的因子。

如果我們問以下的問題，就可以更加瞭解這式子的意義：假如
已經有 n **個粒子**處於某特定狀態中，那麼再多一個玻色子進入這特
定狀態的機率是什麼？假如這新加的粒子稱為 w；如果粒子的數目
為 $(n+1)$，包括 w，(4.20)式就成為

$$P_{n+1}(\text{玻色子}) = (n+1)!\, |abc \cdots\cdots w|^2\, (\Delta S)^{n+1}\qquad(4.22)$$

我們可以把這個式子寫成

$$P_{n+1}(\text{玻色子}) = \{(n+1)|w|^2\,\Delta S\} n!\, |abc \cdots\cdots|^2\, \Delta S^n$$

或是

$$P_{n+1}(\text{玻色子}) = (n+1)|w|^2\,\Delta S\, P_n(\text{玻色子})\qquad(4.23)$$

我們可以這麼來看這個結果：數字 $|w|^2\,\Delta S$ 是 w 進入偵測器的
機率，假設沒有其他粒子在場；而 $P_n(玻色子)$ 是已經有其他 n 個玻
色子在場的機率；所以(4.23)式的意思是，**當已經有** n **個全同玻色
子存在時，多一個**粒子進入同一狀態的機率被$(n+1)$這一因子**提高**
了。如果本來就已有 n 個玻色子，那麼再發現一個玻色子的機率，
和如果本來沒有任何玻色子的機率相比，前者會是後者的$(n+1)$
倍。其他玻色子的**存在**，使得再多來一個玻色子的機率增加了。

4-4 光子的發射與吸收

　　到目前為止，我們都只在討論像 α 粒子的散射這類過程，但並不是非如此不可，我們其實也可以談論粒子的創造，例如像光的發射。當光被「發射」出來，光子就被「創造」了。在這種情況，我們不需要圖 4-4 中的入射線段，我們可以只考慮 n 個原子 a、b、c、……在發射光，如同圖 4-5 所示。因此我們的結果可以這麼敘述：**假如已經有 n 個光子處於某特定狀態，則一個原子會發射一個光子到這特定狀態的機率會增大為$(n + 1)$倍。**

　　人們喜歡把這個結果說成，當已有 n 個光子在場時，發射一個光子的機率幅會增大為 $\sqrt{n+1}$ 倍。這當然是在說同一件事，因為機率幅的平方就是機率。

　　在量子力學中從狀態 ϕ 到狀態 $\times$ 的機率幅，通常和從 $\times$ 到 ϕ 的機率幅互為共軛複數：

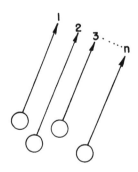

圖4-5　n 個處於鄰近狀態的光子被創造出來

$$\langle \chi \mid \phi \rangle = \langle \phi \mid \chi \rangle^* \qquad (4.24)$$

我們以後會學到這個定律，目前我們只需假設它是真的。它可以用來發現光子如何從一個狀態散射出來或被吸收。當已經有 n 個光子在場時，一個光子被加到某個狀態（例如 i）上面的機率幅，譬如說是

$$\langle n+1 \mid n \rangle = \sqrt{n+1}\, a \qquad (4.25)$$

其中的 $a = \langle i \mid a \rangle$，是如果沒有其他光子在場時的機率幅。從(4.24)式可知，倒過來，從 $(n+1)$ 個光子到 n 個光子的機率幅是

$$\langle n \mid n+1 \rangle = \sqrt{n+1}\, a^* \qquad (4.26)$$

這不是人們平常說明失去一個光子的方式，他們不喜歡談論從 $(n+1)$ 到 n，而永遠喜歡從有 n 個光子在場這個假設出發。他們會說「當有 n 個光子在場時，一個光子被吸收的機率幅」，換句話說，從 n 到 $(n-1)$ 是

$$\langle n-1 \mid n \rangle = \sqrt{n}\, a^* \qquad (4.27)$$

這個式子的涵義當然和(4.26)式一樣，不過這麼一來，人們比較難記得到底應該用 $\sqrt{n}$ 還是用 $\sqrt{n+1}$。我們可以這麼記：這倍數因子永遠等於較大光子數的平方根，無論它是反應前或反應後的光子數。(4.25)式與(4.26)式顯示這個定律是對稱的，只有當你用(4.27)式時，它才會看起來不對稱。

這些新的定律有很多物理上的後果，我們將描述其中和光的發射有關的結果。想像光子受限在一個盒子裡的狀況，例如想像盒子的壁面是鏡子。現在比如說有 n 個光子在盒子裡，它們全部處於相

同的狀態，有相同的頻率、方向、偏振，因此是不可分辨的，同時盒子裡有一個原子，這原子可以發射另一個光子到同一個狀態。在這種情況下，這原子會發射一個光子的機率是

$$(n + 1)|a|^2 \qquad (4.28)$$

而它會吸收一個光子的機率是

$$n|a|^2 \qquad (4.29)$$

其中的 $|a|^2$ 是當沒有光子在場時，原子會發射光子的機率。我們已經在第 I 卷第 42 章中，以稍微不同的方式討論過這些定律。(4.29)式是在說，原子會**吸收**一個光子、然後躍遷到更高能量狀態的機率，與照在原子上的光的強度成正比。

但是，如同愛因斯坦（Albert Einstein, 1879-1955）首先指出的那樣，原子會**往下躍遷**的機率有兩個部分：第一個部分是它會自發躍遷（spontaneous transition）的機率 $|a|^2$；第二部分是誘發躍遷（induced transition）的機率 $n|a|^2$，這與光的強度成正比，也就是與在場光子的數目成正比。而且，正如愛因斯坦所說，吸收係數與誘發發射（induced emission）係數相等，並與自發射（spontaneous emission）的機率有關。

我們在這裡學到的是，如果用在場光子的數目（而不是用每單位面積每秒多少能量）來測量光的強度，則吸收係數、誘發發射係數、自發射係數全都相等。這就是第 I 卷第 42 章的(42.18)式裡，愛因斯坦係數 A 與 B 之關係的意義。

4-5 黑體光譜

我們想用玻色子的定則，來再次討論黑體輻射的光譜（見第 1 卷冊第 42 章）。我們的方法是，假如輻射和盒子裡的某些原子是處於熱平衡狀態，設法找出盒子裡究竟有多少個光子。假設對於光的每個頻率 ω 而言，存在著 N 個原子，這些原子都有兩個能階，兩能階的能量差是 $\Delta E = \hbar\omega$ 。見圖 4-6 。我們稱較低能量狀態為「基」態，稱較高能量狀態為「受激」態。令 N_g 與 N_e 為原子處於基態與受激態的平均數目；如果系統處於溫度 T 的熱平衡中，那麼我們從統計力學學到

$$\frac{N_e}{N_g} = e^{-\Delta E/kT} = e^{-\hbar\omega/kT} \tag{4.30}$$

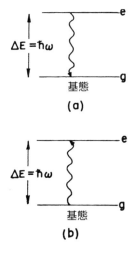

圖4-6 光子的輻射與吸收，光子頻率為 ω 。

處於基態的每個原子可以吸收一個光子，然後上到受激態，同時處在受激態的每個原子可以發射一個光子，然後降到基態。在平衡的時候，這兩個過程的速率必須相等。速率與事件的機率以及原子的數目成正比。令 $\bar{n}$ 為光子的平均數目，這些光子處於頻率為 ω 的狀態中，那麼原子從那個狀態吸收光子的速率就是 $N_g\bar{n}|a|^2$，而且原子發射光子進入那個狀態的速率等於 $N_e(\bar{n}+1)|a|^2$。因為這兩個速率必須相等，我們有

$$N_g\bar{n} = N_e(\bar{n} + 1) \tag{4.31}$$

將這個式子和(4.30)式合在一起，就會得到

$$\frac{\bar{n}}{\bar{n} + 1} = e^{-\hbar\omega/kT}$$

把 $\bar{n}$ 解出來，答案是

$$\bar{n} = \frac{1}{e^{\hbar\omega/kT} - 1} \tag{4.32}$$

如果光子處在某頻率為 ω 的狀態，則(4.32)式就是這些光子的平均數。既然每個光子的能量是 $\hbar\omega$，那麼所有處於某狀態的光子總能量就是 $\bar{n}\hbar\omega$，也就是

$$\frac{\hbar\omega}{e^{\hbar\omega/kT} - 1} \tag{4.33}$$

順帶一提，我們曾經在另外一個情況中得到過類似的式子（第 I 卷第 41 章的(41.15)式）。你應還記得對於任何諧振子（harmonic oscillator），例如彈簧下吊了砝碼而言，量子力學能階間之能量差是 $\hbar\omega$，如圖 4-7 所示。如果把第 n 階的能量稱為 $n\hbar\omega$，則這樣一個

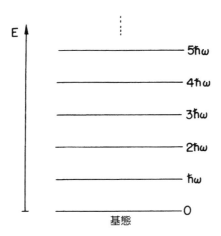

圖4-7 諧振子的能階

諧振子的平均能量也等於(4.33)式。但這個式子是針對光子推導而得的，所用的方法是計算光子數目，然而結果竟然一樣！

　　這是量子力學最美妙的奇蹟之一：如果我們考慮某個狀態或條件，它可容納彼此無交互作用的玻色子（例如我們已假設光子彼此無交互作用），然後設想將零個、或一個、或兩個、……一直到任意數目的 n 個玻色子放到這個狀態上，我們發現，就一切量子力學的目的而論，這種系統的**行為**恰好和諧振子**一樣**。我們所謂的諧振子，指的是像彈簧下吊了砝碼，以及共振腔裡的駐波等這類動力學系統。這正是我們為何可以用光子來代表電磁場的原因。從某種觀點看，我們可以用很多諧振子來分析盒子裡或空腔裡的電磁場，將每個振盪模態（oscillation mode）根據量子力學當成諧振子對待。從另一種觀點看，我們可以用全同玻色子來分析同樣的物理。兩種方式所獲得的結果**完全一樣**。

　　你沒辦法決定，究竟應該用量子化的諧振子，或是每個狀況中光子的數目來描述電磁場，這兩種觀點在數學上是等價的。因此我們之後可以談論盒子中某一特定狀態的光子數，或是電磁場某特定振盪模態的第幾個能階，這兩種方式都是在說明相同的東西。對於眞空中的光子來說，我們同樣也有另一種描述方式，這種情況等價於空腔壁退後到無窮遠處時的振盪。

　　我們已經算出了盒子中任何特定模態在溫度 T 的平均能量，我們還需要知道一件事情，才能得到黑體輻射定律：我們需要知道每個能量有多少模態。（我們假設，對於每個模態而言，盒子中或盒壁上，有一些原子有適當的能階可以輻射能量到那個模態上，以便每個模態可以達成熱平衡。）人們通常藉由說明從 ω 到 ω + Δω 這一小段頻率範圍中，每單位體積內光的能量究竟是多少，來敘述黑體輻射定律，所以我們需要知道，盒子中有多少模態的頻率落於 Δω 範圍內。儘管這個問題不斷出現在量子力學中，它其實純然是個關於駐波的古典問題。

　　我們只會討論矩形盒子的情形。其他任何形狀的盒子也會有相同的答案，但是任意形狀的情形很難計算。還有，我們只對尺寸比光的波長大很多的盒子感興趣，所以我們有成億上兆個模態；既然在任何很小的頻率區間 Δω 內都有很多模態，因此我們可以談論，當頻率爲 ω 時任何 Δω 內的「平均模態數目」。

　　我們先從一維的情形開始，例如伸長的弦。我們想求模態的數目，而你知道每個模態是在弦的兩端都趨近於零的正弦波。換句話說，弦長必須等於半波長的整數倍，如圖 4-8 所示。我們喜歡用波數 $k = 2\pi/\lambda$；如果稱第 j 個模態的波數爲 k_j，那麼就有

$$k_j = \frac{j\pi}{L} \tag{4.34}$$

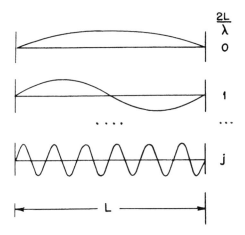

圖 4-8 一條弦上的駐波模態

j 在這裡是任意整數。相鄰兩個模態的波數差 δk 是

$$\delta k = k_{j+1} - k_j = \frac{\pi}{L}$$

我們要假設 kL 很大,使得小區間 Δk 中有很多模態。如果把小區間 Δk 中模態的數目稱為 $\Delta \mathfrak{N}$,則

$$\Delta \mathfrak{N} = \frac{\Delta k}{\delta k} = \frac{L}{\pi} \Delta k \tag{4.35}$$

　　使用量子力學的理論物理學家通常喜歡說,模態的數目只有上面的一半,他們會這麼寫:

$$\Delta \mathfrak{N} = \frac{L}{2\pi} \Delta k \tag{4.36}$$

我們想解釋為什麼會這樣。他們通常喜歡用行進波(travelling wave)來思考,也就是有些波往右跑(k 為正),有些波往左跑(k 為

負）。但一個「模態」是一種**駐波**，它是兩個行進波（一個往左，一個往右）的和。也就是說，他們把每個駐波想成是包含了兩種不同光子「狀態」的東西。所以如果人們喜歡把 $\Delta\mathfrak{N}$ 看成是 k 等於某個值時的光子狀態數目（這時 k 的範圍就是從正值到負值），那麼 $\Delta\mathfrak{N}$ 就應該只是以前的一半大而已。（現在所有的積分範圍必須是從 $k = -\infty$ 到 $k = +\infty$，因此狀態的總數目還會是一樣的，直到某個 k 的絕對值爲止。）當然，這麼一來，我們就不是在好好的談駐波，不過起碼我們是以一致的方式來計算模態的數目。

我們接下來要把這些結果推廣到三維。三維矩形盒子內的駐波在**沿著每個軸**的方向上必須是半波長的整數倍，圖 4-9 顯示了其中二維的情形。我們用一個向量波數 k 來描述每個波的方向與頻率，k 的 x、y、z 分量必須滿足類似(4.34)式的方程式。所以我們得到

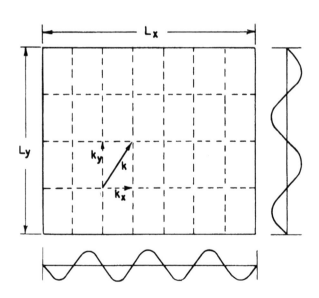

圖4-9　二維下的駐波模態

$$k_x = \frac{j_x \pi}{L_x}$$

$$k_y = \frac{j_y \pi}{L_y}$$

$$k_z = \frac{j_z \pi}{L_z}$$

我們想知道有多少模態的 k_x 落在區間 Δk_x 中，答案和以前一樣：

$$\frac{L_x}{2\pi} \, \Delta k_x$$

對於 Δk_y 和 Δk_z 來說，也有類似的式子。

如果我們想知道三維的情形，也就是有多少模態，其向量波數 $\boldsymbol{k}$ 的 x 分量落在 k_x 與 $k_x + \Delta k_x$ 之間，同時 y 分量落在 k_y 與 $k_y + \Delta k_y$ 之間，z 分量落在 k_z 與 $k_z + \Delta k_z$ 之間，而且我們把這種模態的數目稱為 $\Delta\mathfrak{N}(\boldsymbol{k})$，那麼答案就是

$$\Delta\mathfrak{N}(\boldsymbol{k}) = \frac{L_x L_y L_z}{(2\pi)^3} \, \Delta k_x \, \Delta k_y \, \Delta k_z \tag{4.37}$$

因為 $L_x L_y L_z$ 這個乘積等於盒子的體積 V，因此我們所得到的重要結果就是，在高頻率時（波長比盒子邊長來得小），空腔中的模態數目與盒子的體積以及「k 空間體積」$\Delta k_x \Delta k_y \Delta k_z$ 成正比。這個結果會出現在很多問題中，因此你應該把它背起來：

$$d\mathfrak{N}(\boldsymbol{k}) = V \, \frac{d^3\boldsymbol{k}}{(2\pi)^3} \tag{4.38}$$

雖然我們不會在此證明，但是你應知道，這個結果與盒子的形狀沒有關係。

我們現在要利用這個結果來計算，當光子頻率落在 $\Delta\omega$ 範圍內時光子模態的數目。我們只對各種模態的能量感興趣，但是不在乎

波的方向。我們想知道在某個頻率範圍裡有多少模態。於眞空中，k的大小與頻率的關係是

$$|\boldsymbol{k}| = \frac{\omega}{c} \tag{4.39}$$

所以對於頻率區間 $\Delta\omega$ 內的所有模態來說，其向量波數 k 的**大小**（量值）一定是介於 k 與 $k + \Delta k$ 之間（$\Delta k = \Delta\omega /c$），$\boldsymbol{k}$ 的方向則不受限制。介於 k 與 $k + \Delta k$ 之間的「k 空間體積」是球形殼層體積

$$4\pi k^2 \, \Delta k$$

則模態的數目就是

$$\Delta\mathfrak{N}(\omega) = \frac{V 4\pi k^2 \, \Delta k}{(2\pi)^3} \tag{4.40}$$

不過，既然我們只對頻率感興趣，我們應該用 ω /c 來取代 k，因此

$$\Delta\mathfrak{N}(\omega) = \frac{V 4\pi \omega^2 \, \Delta\omega}{(2\pi)^3 c^3} \tag{4.41}$$

還有一件事需說明：只要談到電磁波的模態，對於任何特定向量波數 $\boldsymbol{k}$ 而言，都有兩種可能的偏振（這兩個偏振態相互垂直）。既然這些模態是獨立的，對光子來說，我們就必須把模態個數加倍。所以我們有

$$\Delta\mathfrak{N}(\omega) = \frac{V \omega^2 \, \Delta\omega}{\pi^2 c^3} \quad （對光子而言） \tag{4.42}$$

我們已經證明了每個模態（或每個「狀態」）的平均能量是（見(4.33)式）

$$\bar{n}\hbar\omega = \frac{\hbar\omega}{e^{\hbar\omega/kT} - 1}$$

一旦把這個式子乘上模態的個數,就得到頻率區間 $\Delta\omega$ 內模態的能量 ΔE:

$$\Delta E = \frac{\hbar\omega}{e^{\hbar\omega/kT} - 1} \frac{V\omega^2 \Delta\omega}{\pi^2 c^3} \tag{4.43}$$

這就是黑體輻射的頻率譜定律,先前在第 I 卷第 41 章已得到過。圖 4-10 畫出了這頻譜的樣子。你現在可以瞭解這個答案與光子是玻色子這件事密不可分:玻色子總想試著進入同一個狀態裡,因為這麼做的機率幅太大了。你會記得,研究黑體輻射光譜(這在古典物理中是個謎)的是普朗克(Max K. E. L. Planck, 1858-1947),他發現 (4.43) 式,而開啓了量子力學大門。

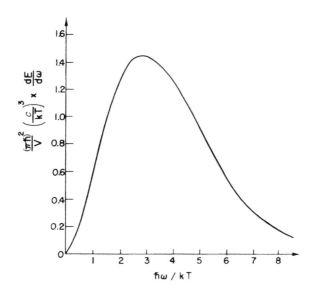

圖 4-10 　熱平衡下,空腔中的輻射頻譜,也就是「黑體」輻射光譜。

4-6 液態氦

　　液態氦在低溫時有很多奇怪的性質，可惜我們現在沒有時間仔細去描述，但是我們可以告訴你，這些性質其中很多起因於氦原子是玻色子。這些特性之一是，液態氦可以不受任何黏滯阻力的流動。

　　只要速度夠低，液態氦事實上就是我們以前談過的理想「乾」水，原因如下：如果液體要有黏滯性，它的內部必定有能量損耗，一定有某種方式能讓液體的其中一部分，以和其他部分不同的方式運動，這表示一定有方法將某些原子撞進一些和其他原子所處狀態不一樣的狀態裡。但是只要溫度夠低，熱運動就很小，所有的原子會想要進入同樣的狀態；所以如果某些原子在前進，則所有的原子也會想以相同的狀態一起前進，因此運動就有某種剛性（rigidity），我們很難把運動分裂成紊流（turbulence）的不規則圖樣，那種情況會發生於，比方說，獨立粒子系統。

　　所以在玻色子的液體中，有很強的傾向讓所有原子進入相同的狀態，我們以前發現的 $\sqrt{n+1}$ 因子就代表了這種傾向。（對於一瓶液態氦來說，n 當然是大的不得了！）這種協同運動在高溫時不會發生，因為有足夠的熱擾能將各個原子放進各種不同的更高能階。然而在某個足夠低的溫度，突然間所有的氦原子會想進入同一狀態。這時氦就成了超流體（superfluid）。順便說，這現象只出現於原子量等於 4 的氦同位素；但是對於原子量為 3 的氦同位素來說，每個原子是費米子，而液體只是正常流體。既然超流態只發生於 He^4，這顯然是個量子效應，起自 α 粒子的玻色子本質。

4-7 不相容原理

　　費米子的行為就完全不同。我們來看，如果想把兩個費米子放進同一個狀態，會發生什麼事。我們回到原來的例子，以瞭解兩個全同費米子會散射進幾乎完全相同方向的機率幅為何。a 粒子會進入方向 1、並且 b 粒子會進入方向 2 的機率幅是

$$\langle 1 \mid a \rangle \langle 2 \mid b \rangle$$

而射出方向被交換的機率幅是

$$\langle 2 \mid a \rangle \langle 1 \mid b \rangle$$

既然 a 和 b 都是費米子，則散射過程的機率幅，是這兩個機率幅之差：

$$\langle 1 \mid a \rangle \langle 2 \mid b \rangle - \langle 2 \mid a \rangle \langle 1 \mid b \rangle \tag{4.44}$$

所謂的「方向 1」指的不僅是粒子有某個方向，粒子的自旋也有某個方向，而且「方向 2」幾乎和方向 1 一樣，也對應到**相同的**自旋方向。這麼一來，$\langle 1 \mid a \rangle$ 與 $\langle 2 \mid a \rangle$ 幾乎相等。（假如射出狀態 1 和 2 沒有相同的自旋，則這就不必然是真的，因為或許有某個理由讓機率幅取決於自旋方向。） 如果我們讓方向 1 和方向 2 相互接近，那麼(4.44)式的總機率幅會等於零。

　　所以費米子的結果比玻色子的結果簡單太多了。兩個費米子，例如兩個電子，根本不可能跑進同一個狀態裡。你絕對不會在同一個地點發現兩個自旋方向相同的電子。兩個電子不可能有相同的動量與相同的自旋方向。它們如果位於相同的地點，或是有相同的運

動狀態，它們必然有反向的自旋。

這樣的規則有什麼後果？兩個費米子不能進到同一個狀態裡，這件事實有一些非常驚人的效應。事實上，幾乎所有材料世界的特性都取決於這件美妙的事實。週期表所顯示出來的多樣性，基本上也是這個規則的後果。

當然，如果這條規則改變了，我們沒法說這個世界會變成什麼樣子，因為它只是整個量子力學結構的一部分，如果費米子的這項規則變得不一樣，我們講不上來還有什麼其他部分也會跟著變。無論如何，我們來試著瞭解，一旦這項規律變了，則會發生什麼事。

首先，我們可以證明，每個原子約略都是同一個模樣。我們從氫原子開始，它不會有什麼明顯的不同。做為氫原子核的質子會受到一球形對稱電子雲的包圍，如圖4-11(a) 所示。如同我們在第 2 章所描述過的，電子會受中心所吸引，但是測不準原理要求電子在空間上與動量上的分布不能都很集中，兩者得有個平衡；這種平衡代表電子的分布有某種能量上與空間上的散布，氫原子的大小就取決於它。

現在，假設我們有個帶兩單位電荷的原子核，例如氦原子核，這個原子核會吸引兩個電子；如果電子是玻色子，除了它們之間的

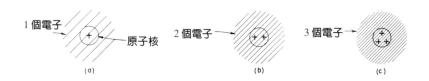

圖4-11　如果電子像玻色子，原子可能的模樣。

庫侖排斥力，它們會盡可能的往原子核擠。氦原子看起來或許就像圖 4-11(b) 所示的樣子。與此相似，鋰原子核帶有三單位正電荷，因此鋰原子的電子分布會是像圖 4-11(c) 的樣子。每個原子會看起來有些一樣，都像一個小圓球，所有的電子都靠在原子核附近，沒有特別的方向，也不複雜。

但是電子是費米子，所以實際上的情形會很不一樣。對於氫原子來說，情況基本上沒有改變。唯一的區別是電子帶有自旋，我們在次頁的圖 4-12(a) 用小箭頭來標示自旋方向。不過對於氦原子來說，我們不可以把兩個電子疊在一起。可是等一下，只有當電子有一樣的自旋時，它們才不能疊在一起。兩個電如果有反向的自旋時，它們**可以**占據同一個狀態。所以氦原子看起來不會有什麼不同。它的樣子會如圖 4-12(b) 所示。

不過對於鋰原子來說，情況就會大為不同。我們該把第三個電子擺在哪裡？第三個電子不能夠疊在其他兩個電子上面，因為兩種電子自旋方向都被占據了。（你還記得對於電子或任何自旋 1/2 粒子而言，只有兩種可能的自旋方向。）第三個電子不能靠近其他兩個電子占據的地方，所以它必須跑到離開原子核更遠的另一種狀態中，如圖 4-12(c) 所示。（我們在這裡的講法有些粗略，因為三個電子其實是全同粒子；既然我們不能區別哪個電子是哪個，我們的圖像只是一種近似而已。）

我們現在可以開始來瞭解，為何不同的電子有不同的化學性質。因為鋰原子的第三個電子離原子核較遠，所以比較沒被束縛的太緊。除去鋰原子的一個電子，遠比除去氦原子的一個電子容易。（實驗上，將氦原子離子化需要 25 電子伏特，而將鋰原子離子化只需約 5 電子伏特。）這就解釋了鋰原子的原子價數。原子價的方向性與外層電子的波函數圖樣有關，但我們現在不去討論這個問題。

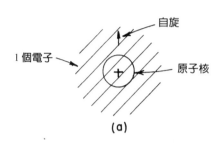

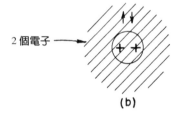

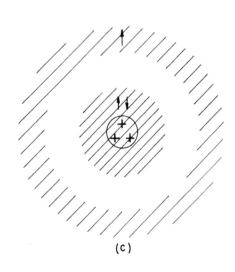

圖4-12 費米型的自旋 1/2 電子的真實原子組態

我們已經看到**不相容原理**（exclusion principle），也就是兩個電子不可以處於同一個狀態（包括自旋）的原理的重要性。

不相容原理也和物質在大尺度下的穩定性有關。我們以前解釋過，由於不相容原理的緣故，物質中個別的原子不會崩陷；可是這並沒有解釋，為什麼兩個氫原子不能夠讓你將它們擠壓成任意距離，為什麼所有的質子不會都聚在一起，並讓一大群電子環繞在外頭？答案當然是既然同一地點最多只能容納兩個電子（它們有反向自旋），氫原子必然不能全靠在一起。所以大尺度物質的穩定性，其實來自電子的費米子性質。

當然，如果兩個原子的外層電子有反向的自旋，它們就可以靠得很近。事實上，這就是化學鍵的由來。我們發現如果兩個原子之間有個電子，則兩個原子靠在一起通常會有比較低的能量。兩個帶正電的原子核會因為庫侖靜電吸引力，被中間的電子拉過去。我們可以將兩個電子大致放在兩個原子核之間，只要兩電子帶有相反的自旋，最強的化學鍵就是這麼來的。我們不會有更強的鍵聯，因為不相容原理不允許有兩個以上的電子位於兩原子之間。我們預期氫分子看起來約略就是圖4-13所示的模樣。

我們要提一下不相容原理的另一項後果。你還記得，如果氫原子中的兩個電子想要靠近原子核，它們的自旋必須是相反的。現在

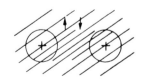

圖4-13　氫分子

假設我們想試著安排讓兩個電子帶有同向的自旋，例如施加一極強的磁場，讓自旋指向同一個方向，但是這麼一來，兩個電子就不能占據空間中同樣的狀態。其中一個電子必須跑到另一個幾何位置，如圖 4-14 所示。離原子核比較遠的電子有比較低的束縛能，因此整個原子的能量就提高不少。換句話說，當兩個自旋是反向的時候，總吸引力會比較強。

　　因此，當兩個電子很靠近時，明顯會有一個很強的力想讓電子自旋反向。兩個電子如果想跑到同一個地方，它們的自旋就有很強的傾向要變成反向。這個想要讓兩自旋指向相反方向的力，比兩電子磁矩間的微力強太多了。

　　你記得當我們談到鐵磁性的時候，曾經迷惑於為什麼不同原子中的電子有很強的傾向要讓自旋平行。雖然目前還沒有一個定量的解釋，人們相信原因在於，繞著原子核心附近的電子會透過不相容

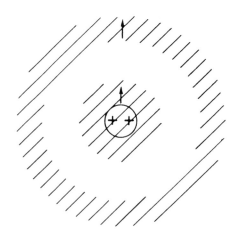

圖 4-14　有一個電子處於較高能階的氦原子

原理和外層電子有交互作用,這些外層電子已經變成自由電子在晶格中漫遊。內層電子和自由電子的交互作用,使得兩種電子的自旋指向相反的方向。但是只有當所有內層電子的自旋都相同時,自由電子和內層電子才能有相反的自旋,如圖4-15所示。這個透過自由電子而間接作用的不相容原理效應,似乎可能引發了讓自旋同向的強烈力量,而導致鐵磁性。

我們再提一項不相容原理的影響。我們前面提過中子與質子之間、質子與質子之間、中子與中子之間的核力是一樣的。那麼為什麼一個質子與一個中子可以黏在一起成為氘原子核,而沒有由兩個質子或兩個中子所構成的原子核?事實上,氘的束縛能約是2.2百萬電子伏特,而一對質子之間並沒有類似的結合,以使得氫有原子量等於2的同位素。這樣的原子核並不存在,兩個質子的結合並不會構成束縛態。

這是兩種效應的結果:首先,不相容原理;其次,核力對於自旋的方向有些敏感。中子與質子之間的力是吸引力,而且當中子與質子的自旋同向時,這個吸引力會比自旋反向時強一些。事實上,這些力有足夠的差異,可以讓氘核只有在中子與質子有平行自旋時

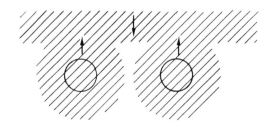

圖4-15　鐵磁晶體中的類似機制,傳導電子與未配對電子的自旋不平行。

能夠形成，但當自旋相反時，中子與質子之間的吸引力卻又不足以將它們束縛在一起。既然中子與質子都有 1/2 的自旋，而且是同向的，因此氘核的自旋是 1。

　　不過我們知道，兩個質子的自旋如果是平行的，它們就不能夠疊在一起。如果沒有不相容原理，兩個質子就可以束縛在一起；但是既然它們不能夠同時有平行自旋而又位於同一地點，所以 He^2 原子核並不存在。兩個質子可以聚在一起，然而其自旋必須指向相反的方向，但是這麼一來，就沒有足夠的束縛力足以形成穩定的原子核，因為反向自旋的核力太弱，不能束縛一對核子。

　　我們可以用散射實驗，來觀察自旋相反的中子與質子之間的吸引力。對有平行自旋的一對質子所做的類似實驗，也顯示了對應的吸引力。所以，不相容原理幫忙解釋了為什麼氘可以存在，而 He^2 卻不可以。

第5章

自旋 1

5-1 以斯特恩─革拉赫實驗來過濾原子

我們在這一章要真的開始討論量子力學本身，也就是說我們要完全以量子力學的方式來描述量子力學現象。我們不會為這麼做表示歉意，也不會嘗試去找出和古典力學的關係。我們想要以新的語言來談論新的東西。

我們要描述的特別狀況是**自旋** 1 粒子的所謂角動量量子化的行為。但是，我們目前不會馬上用上像「角動量」這樣的字眼，或是其他古典力學概念。我們選擇這個例子的理由是，它比較簡單，雖然還算不上是最簡單的例子，不過它也足夠複雜到可以當做原型，所有其他量子力學系統的描述，都能從這原型推廣出來。因此，儘管我們所處理的是特例，可是我們所提到的所有定律都馬上可以推廣，而且我們會告訴你推廣的例子，好讓你瞭解量子力學描述的一般特性。我們先討論的現象是，一束原子在斯特恩─革拉赫實驗（Stern-Gerlach experiment）中分裂成三束。

你還記得，如果我們有一個以尖銳磁鐵製造出來的不均勻磁場，然後讓一束粒子通過儀器，則此束粒子可能會分裂成許多束，分裂後射束的數目取決於原子的種類與狀態。我們要研究的是會分裂成三束的原子，我們會稱它們為**自旋** 1 粒子。你自己可以研究五束、七束、或兩束粒子等情形，你只要把所有的東西記下來，然後在出現三項的地方，你將它改成五項、七項等等。

設想實驗儀器大致上是如同圖 5-1 所示的樣子。一束用狹縫造

請複習：第 II 卷第 35 章〈順磁性與磁共振〉。為了你的方便，我們將這一章放在本卷的附錄中。

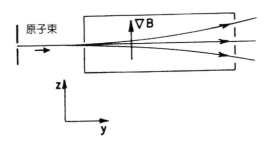

圖5-1　在斯特恩－革拉赫實驗中，自旋 1 原子會分裂成三束。

成的準直原子束（或任何種類的粒子束）通過一不均勻的磁場。假設原子束前進的方向是 y 方向，磁場以及其梯度都是在 z 方向；那麼從旁邊看，我們會看到原子束在垂直方向分裂成三射束，如同圖5-1 所示。我們在磁鐵的輸出端放置小計數器，來計數任何一射束中的粒子抵達偵測器的速率，或是我們可以把其中兩束擋起來，而讓第三束繼續前進。

　　假設我們把三射束中的下面兩束擋了起來，並讓最頂上的一束繼續往前，進入第二個相同的斯特恩－革拉赫裝置中，如圖 5-2 所示，那麼會發生什麼事？答案是在第二個裝置中，並**不會**有三道射

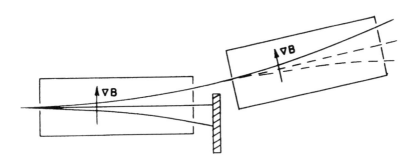

圖5-2　把第一射束中的原子，送入第二個相同的裝置中。

束，而只有最上面一道射束。★ 如果把第二個裝置想成只是第一個裝置的延伸，那你應會預期這樣的結果，原先被往上推的原子會在第二個磁鐵中繼續被往上推。

所以你看到了第一個裝置產生了一束「淨化」的物體，也就是被不均勻磁場往上推的原子。這些原子在進入第一個斯特恩—革拉赫裝置的時候，可以分成三「類」，而且這三類原子有不同的軌跡。如果把其中兩類過濾掉而只留下一類，我們就能製造出一束原子，這束原子未來在相同裝置中的行為早已決定了，也是可預測的。我們稱這種射束為**已過濾**的射束，或**極化**射束，或一束其中所有原子都已知是處於某**明確狀態**的射束。

在以下的討論中，我們如果考慮一種稍微修改過的斯特恩—革拉赫裝置，會比較方便。這種裝置最初看起來比較複雜，然而它可以簡化我們的論證。無論如何，既然它們只是「想像實驗」，把實驗設備弄得比較複雜，並不必花任何錢。（順帶一提，沒有人曾做過我們將所描述的所有實驗，但我們從量子力學定律知道實驗的結果**將會**是什麼樣子；當然，量子力學定律是奠基於其他類似的實驗。這些其他的實驗一開始比較難以理解，所以我們要描述一些理想化的、但卻是可能的實驗。）

圖 5-3(a) 顯示了我們想使用的「修改後的斯特恩—革拉赫裝置」，它是由一系列的三個高梯度（high gradient）的磁鐵所組成的。左起第一個磁鐵只是平常的斯特恩—革拉赫磁鐵，它會把自旋 1 粒子入射束分裂成三束不同的射束。第二個磁鐵的橫截面與第一個相同，但長度是第一個磁鐵的兩倍，**而且**磁場的極性與 1 號磁鐵的磁場相反。第二個磁鐵會把原子磁鐵往另一個方向推，因此會把它們

★原注：我們假設偏折的角度很小。

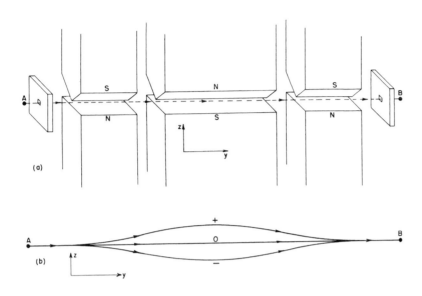

圖 5-3　(a) 我們所設想的對於斯特恩─革拉赫裝置的一種修正。(b) 自
旋 1 原子的路徑。

的路徑推向中心軸，如同圖 5-3(b) 所示的軌跡。第三個磁鐵與第一
個磁鐵一樣，可以把三道射束再拉在一起，以便從沿著中心軸的洞
離開。最後我們要假設在第一個洞前面 A 處有某個機制，能讓原子
從靜止起步，而且假設在出口洞後 B 處有某種減速機制，讓原子停
在 B 處。我們不是非這麼做不可，但這樣的意義是，我們在分析中
不必去擔心得把原子通過後的任何運動效應包括進來，而只要專心
於與自旋有關的事情。這個「改良」裝置的唯一目的，只是把所有
的粒子都帶到同一個地方，而且沒有速度。

　　我們如果想做如同圖 5-2 所示的實驗，首先我們可以把一塊板
子放在裝置中央，好擋住兩道射束，如次頁的圖 5-4 所示，以過濾
射束。假設現在讓極化原子通過第二個完全一樣的裝置，所有的原

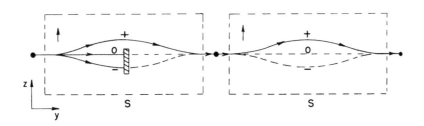

圖5-4　做為濾器的「改良」斯特恩－革拉赫裝置。

子就會走最上面的路徑，檢驗這個結果的辦法，是將類似的板子放在第二個濾器 S 的各道射束前面，以判定粒子是否可以通過。

　　我們把第一個裝置稱為 S。（我們要考慮各種組合，所以需要標記這些裝置，以避免混淆。）我們說在 S 中走最上面一條路徑的原子處於「相對於 S 的正狀態」，走中間路徑的原子處於「相對於 S 的零狀態」，走最底下路徑的原子處於「相對於 S 的負狀態」。（以更一般的語言來講，我們會說原子的角動量的 z 分量分別是 $+1\hbar$、$0\hbar$、$-1\hbar$，但是現在我們不會用那個說法。）

　　既然圖 5-4 中，第二個裝置的（極化）取向與第一個裝置相同，所以過濾後的原子會全部走最上面一條路徑。或者，我們如果把第一個裝置中，最上面與下面的路徑擋了起來，只讓零狀態的原子通過，則所有過濾後的原子會從第二個裝置的中間路徑通過。如果我們在第一個裝置中只留下最底下一道射束，把其他射束都擋掉了，那麼在第二個裝置中只會有最底下一道射束。我們會說在這種情況下，第一個裝置所產生的（過濾後）原子束處於相對於 S 而言的**純態**（即＋1、0、－1），而且我們可以讓原子通過第二個相同裝置來檢驗原子究竟處於什麼狀態。

　　我們可以設法讓第二個裝置只能傳送處於某種狀態的原子，方

法是用板子來擋住其他原子的去路，如同我們在第一個裝置中所做
的那樣，那麼我們只要檢查是否有原子從最末端跑出來，就可以檢
驗入射粒子的狀態。例如，如果我們擋住了第二個裝置中的下面兩
條路徑，那麼原子可以百分之百的通過第二個裝置，但是我們如果
擋住了上面的路徑，就不會有東西跑出來。

　　為了讓討論簡單一些，我們將發明一種簡便符號，來代表我們
所「改良」的斯特恩—革拉赫裝置。這個代表一完整裝置的符號是

$$\left\{ \begin{matrix} + \\ 0 \\ - \end{matrix} \right\}_{S} \tag{5.1}$$

（這**不**是你會在量子力學碰到的符號，我們只會在這一章中使用。
這種符號只是一種代表圖 5-3 裝置的簡圖而已。）既然我們要同時
使用幾個取向不同的裝置，我們將在每個符號底下放一個字母，來
辨識這些不同的裝置，因此符號(5.1)代表裝置 S。如果我們擋住了
裡面的一道或多道射束，我們會用垂直的線段來表示是那些射束被
擋下來了，例如：

$$\left\{ \begin{matrix} + \\ 0 \\ - \end{matrix} \right| \right\}_{S} \tag{5.2}$$

我們會用到的各種可能組合，顯示於次頁的圖 5-5。

　　如果我們有串聯在一起的兩個濾器（像圖 5-4 所示那樣），則我
們就把兩個符號一前一後擺在一起，如：

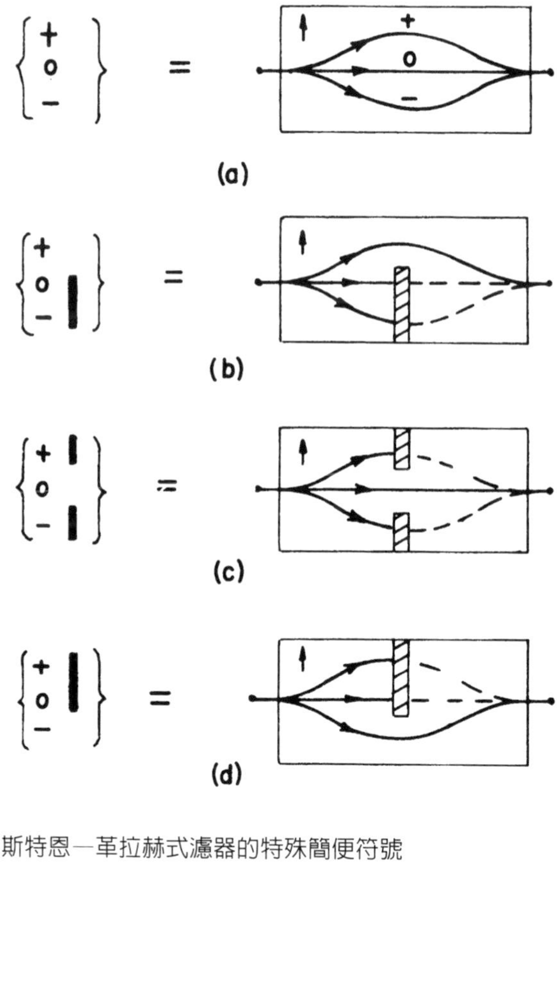

圖5-5 斯特恩－革拉赫式濾器的特殊簡便符號

$$\left\{ \begin{matrix} + \\ 0 \\ - \end{matrix} \right\}_s \qquad \left\{ \begin{matrix} + \\ 0 \\ - \end{matrix} \right\}_s \tag{5.3}$$

對以上的安排來說，通過第一個裝置的一切東西，也都會通過第二個。事實上，即使我們擋下了第二個裝置的「零」與「負」管道，

所以我們有

$$\left\{ \begin{matrix} + \\ 0 \\ - \end{matrix} \Big| \right\}_{s} \quad \left\{ \begin{matrix} + \\ 0 \\ - \end{matrix} \Big| \right\}_{s} \tag{5.4}$$

原子還是會百分之百的通過第二個裝置。另一方面，如果我們有

$$\left\{ \begin{matrix} + \\ 0 \\ - \end{matrix} \Big| \right\}_{s} \quad \left\{ \begin{matrix} + \\ 0 \\ - \end{matrix} \Big| \right\}_{s} \tag{5.5}$$

那麼就不會有任何東西從第二個裝置跑出來。同樣的，

$$\left\{ \begin{matrix} + \\ 0 \\ - \end{matrix} \Big| \right\}_{s} \quad \left\{ \begin{matrix} + \\ 0 \\ - \end{matrix} \Big| \right\}_{s} \tag{5.6}$$

也不會讓原子跑出來。還有，

$$\left\{ \begin{matrix} + \\ 0 \\ - \end{matrix} \Big| \right\}_{s} \quad \left\{ \begin{matrix} + \\ 0 \\ - \end{matrix} \Big| \right\}_{s} \tag{5.7}$$

將只是等於

$$\left\{ \begin{matrix} + \\ 0 \\ - \end{matrix} \Big| \right\}_{s}$$

自己而已。

我們現在要以量子力學來描述這些實驗。如果原子通過了圖 5-5(b) 的裝置，我們會說原子處於(+S)狀態；如果原子通過了 (c) 的裝置，它處於(0 S)狀態；以及如果原子通過了 (d) 的裝置，原子處於(−S)狀態。★ 我們令 $\langle b \mid a \rangle$ 代表一個處於狀態 a 的原子會通過裝置進入 b 狀態的**機率幅**。我們這麼說：$\langle b \mid a \rangle$ 是在狀態 a **中**的原子**進入**狀態 b 的機率幅。實驗(5.4)告訴我們

$$\langle +S \mid +S \rangle = 1$$

而實驗(5.5)告訴我們

$$\langle -S \mid +S \rangle = 0$$

同樣的，(5.6)的結果是

$$\langle +S \mid -S \rangle = 0$$

至於(5.7)的結果則是

$$\langle -S \mid -S \rangle = 1$$

只要我們所處理的是「純」態，也就是裝置中只開放了一個管道，則就會有九種這類的機率幅；我們可以把它們寫成一個表：

$$
\begin{array}{c}
 & \text{從} \\
 & \begin{array}{c|ccc}
 & +S & 0\,S & -S \\
\hline
+S & 1 & 0 & 0 \\
進入\ 0\,S & 0 & 1 & 0 \\
-S & 0 & 0 & 1
\end{array}
\end{array}
\tag{5.8}
$$

★原注：(+S)讀做「正 S」，(0 S)讀做「零 S」，(−S)讀做「負 S」。

這九個數字的表，稱為**矩陣**，總結了我們所描述的現象。

5-2 以過濾原子進行實驗

再來有個大問題：如果第二個裝置偏了一個角度，以致於磁場軸不再和第一個裝置中的磁場軸平行，那麼會如何呢？其實第二個裝置不僅可以偏一個角度，還可以指向另一個方向，例如，原子束轉 90° 後才進入第二個裝置。不過我們先從比較簡單的情況開始，也就是說第二個斯特恩－革拉赫裝置僅繞著 y 軸旋轉了 α 角度，如同圖 5-6 所示。我們稱這第二個裝置為 T。現在考慮以下兩種實驗安排：

$$\left.\begin{Bmatrix} + \\ 0 \\ - \end{Bmatrix}\right|_S \qquad \left.\begin{Bmatrix} + \\ 0 \\ - \end{Bmatrix}\right|_T$$

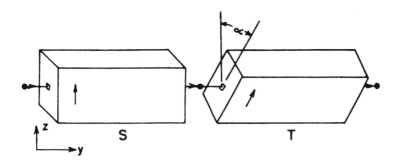

圖 5-6　兩個斯特恩－革拉赫式濾器前後排在一起；第二個濾器傾斜了 α 角度。

以及

$$\left\{ \begin{matrix} + \\ 0 \\ - \end{matrix} \right\}_{S} \quad \left\{ \begin{matrix} + \\ 0 \\ - \end{matrix} \right\}_{T}$$

在這兩種情況之下，什麼樣的原子會從 T 跑出來？

答案是：如果原子處於相對於 S 而言的某明確狀態中，則相對於 T 而言，原子就**不會**處於相同的狀態，也就是說，$(+S)$態**不會**也完全是$(+T)$態；不過我們還是可能發現處於$(+T)$態、或是$(0\ T)$態、或是$(-T)$態的原子，這三種情況各**有其機率幅**。

換句話說，即便我們盡可能小心的確保原子處於某個明確的狀態，實際的情況卻是，它如果穿過一個傾斜了某個角度的裝置，這麼說吧，原子就必須「重新取向」，不要忘記，它是依據機率來重新取向的。

我們可以一次只讓一個原子通過，這麼一來我們只能問：原子通過的機率爲何？有些原子在通過 S 之後會進入$(+T)$態，有些會變成$(0\ T)$態，還有些是$(-T)$態，它們各有不同的機率；這些機率等於複數機率幅的絕對值平方，我們想求的是某個可以算出這些機率幅的數學方法，或是對於這些機率幅的量子力學描述。我們需要知道的是各種機率幅，例如

$$\langle -T\,|+S \rangle$$

這個量代表一個最初處於$(+S)$態的原子能夠進入$(-T)$態的機率幅（它**不是**零，除非 T 與 S 的磁場是平行的）。還有其他的機率幅，如

$$\langle +T\,|\,0\,S \rangle \ \text{或} \ \langle\,0\,T\,|-S \rangle \ \text{等等}$$

事實上，這種機率幅總共有九個，可以構成一個矩陣，而粒子理論應該告訴我們怎麼計算這些機率幅。就好像 $F = ma$ 這個方程式可以告訴我們，如何計算古典粒子在任何情況下的行為，量子力學定律可以讓我們決定，粒子會從某特定裝置通過的機率。因此核心問題就是，對於任何傾斜角度 α，或甚至是任意取向而言，能夠計算這九個機率幅：

$$\begin{array}{ccc}
\langle +T \mid +S \rangle, & \langle +T \mid 0\,S \rangle, & \langle +T \mid -S \rangle \\
\langle 0\,T \mid +S \rangle, & \langle 0\,T \mid 0\,S \rangle, & \langle 0\,T \mid -S \rangle \\
\langle -T \mid +S \rangle, & \langle -T \mid 0\,S \rangle, & \langle -T \mid -S \rangle
\end{array} \tag{5.9}$$

我們現在已經能夠推敲出這些機率幅之間的一些關係。首先根據我們的定義，以下這個絕對值平方

$$|\langle +T \mid +S \rangle|^2$$

就是處於 $(+S)$ 態的原子能夠進入 $(+T)$ 態的**機率**。如果把這個平方寫成以下等價的形式，通常會比較方便：

$$\langle +T \mid +S \rangle \langle +T \mid +S \rangle^*$$

同樣的，以下的數字

$$\langle 0\,T \mid +S \rangle \langle 0\,T \mid +S \rangle^*$$

是 $(+S)$ 態原子會進入 $(0\,T)$ 態的機率，並且

$$\langle -T \mid +S \rangle \langle -T \mid +S \rangle^*$$

是 $(+S)$ 態原子會進入 $(-T)$ 態的機率。

由於實驗裝置的特性，進入 T 裝置的每個原子一定會進入 T 裝

置的三種狀態**其中**之一，原子沒有其他地方可去。所以如果把剛剛寫下來的三個機率加起來，這個和必然等於百分之百。因此我們有以下的關係：

$$\langle +T \mid +S\rangle\langle +T \mid +S\rangle^* + \langle 0\,T \mid +S\rangle\langle 0\,T \mid +S\rangle^*$$
$$+ \langle -T \mid +S\rangle\langle -T \mid +S\rangle^* = 1 \tag{5.10}$$

當然，我們還另外有兩個這種關係——一個是針對(0 S)態原子，另一個則是針對(－S)態原子。上面這些關係是我們不用太費力氣就可以得到的結果，我們接下來將討論其他一般性的問題。

5-3 串聯的斯特恩－革拉赫濾器

底下是個有趣的問題：假設我們已經把原子過濾成(+S)態原子，並讓它們通過第二個斯特恩－革拉赫濾器，然後濾出處於(0 T)態的原子，**接著再讓**這些原子通過**另一個** +S 濾器（我們會把這最後的斯特恩－革拉赫濾器稱爲 S′，以便與第一個 S 濾器有所區別）。問題是原子會記得它們曾經處於(+S)態嗎？換句話說，我們想做以下的實驗：

$$\left\{\begin{matrix}+\\0\\-\end{matrix}\,\Big|\right\}_S \quad \left\{\begin{matrix}+\,\Big|\\0\\-\,\Big|\end{matrix}\right\}_T \quad \left\{\begin{matrix}+\\0\\-\end{matrix}\,\Big|\right\}_{S'} \tag{5.11}$$

我們想要知道，通過 T 的所有原子是否也會通過 S'？**它們不會**！原子一旦經過 T 過濾，無論如何就**不會記得**在進入 T 之前曾經處於(+S)態。請注意(5.11)式中第二個 S 裝置的（磁場）取向與第一個一模一樣，所以它仍然是個 S 型濾器。從 S' 濾出來的狀態依舊是

$(+S)$、$(0\ S)$、$(-S)$。

　　重點在於**如果 T 濾器只讓一道射束通過**，則原子通過第二個 S 濾器的**百分比**只會取決於 T 濾器的安排，和 T 濾器之前的東西完全沒有關係。也就是說，一旦原子由 T 裝置篩選成純射束之後，這些原子接下來的作為，完全不會受到它們在進入 T 之前曾被 S 濾器篩選過這件事的影響。無論原子在進入 T 之前做了什麼事，它們離開 T 之後、進入各種不同狀態的機率，完全不受影響。

　　舉個例子，比較(5.11)的實驗與以下的實驗：

$$\left\{\begin{matrix} +| \\ 0 \\ -| \end{matrix}\right\}_{S} \quad \left\{\begin{matrix} +| \\ 0 \\ -| \end{matrix}\right\}_{T} \quad \left\{\begin{matrix} +| \\ 0 \\ -| \end{matrix}\right\}_{S'} \tag{5.12}$$

兩個實驗的區別，僅在於第一個 S 裝置。假設(5.11)實驗中，S 與 T 之間的角度 α 恰好使得通過 T 之後的原子有三分之一的機會可以通過 S'，則在(5.12)的實驗中，儘管能夠通過 T 的原子數目可能會和實驗(5.11)不同，但是通過 T 之後的原子也有**同樣的機率**，也就是三分之一的機率可以通過 S'。

　　我們事實上可以從你先前所學過的東西證明以下的事情：考慮通過 T 的原子和通過任何特定 S' 的原子，兩者數目的比值只取決於 T 與 S'，而和 T 之前的任何東西無關。考慮實驗(5.12)與以下實驗：

$$\left\{\begin{matrix} +| \\ 0 \\ -| \end{matrix}\right\}_{S} \quad \left\{\begin{matrix} +| \\ 0 \\ -| \end{matrix}\right\}_{T} \quad \left\{\begin{matrix} +| \\ 0 \\ -| \end{matrix}\right\}_{S'} \tag{5.13}$$

　　對於實驗(5.12)來說，從 S 出來的原子也會通過 T 和 S' 的機率幅是

$$\langle +S\,|\,0\,T\rangle\langle 0\,T\,|\,0\,S\rangle$$

所對應的機率則是

$$|\langle +S\,|\,0\,T\rangle\langle 0\,T\,|\,0\,S\rangle|^2 = |\langle +S\,|\,0\,T\rangle|^2\,|\langle 0\,T\,|\,0\,S\rangle|^2$$

而(5.13)這實驗的機率則是

$$|\langle 0\,S\,|\,0\,T\rangle\langle 0\,T\,|\,0\,S\rangle|^2 = |\langle 0\,S\,|\,0\,T\rangle|^2\,|\langle 0\,T\,|\,0\,S\rangle|^2$$

兩個機率的比值是

$$\frac{|\langle 0\,S\,|\,0\,T\rangle|^2}{|\langle +S\,|\,0\,T\rangle|^2}$$

這個比值只取決於 T 與 S'，和 S 會篩選出$(+S)$、$(0\ S)$、$(-S)$當中哪一道射束無關。（原子的總數可能變大或變小，取決於多少原子可以通過 T 而定。）當然，如果我們比較的是原子進入（相對於 S' 而言的）$(+S)$態與$(-S)$態的機率，我們也會發現這兩個機率的比值與 S 的篩選無關；同樣的，如果我們比較進入$(0\ S)$態與$(-S)$態的機率，它們的比值也是如此。

　　事實上，既然這些比值只和哪一道射束可以通過 T 有關，而和第一個 S 濾器的篩選無關，那麼很明顯的，如果最後的裝置不是 S 濾器，我們也會有同樣的結果。如果我們所用的第三個裝置（暫且稱它為 R），是相對於 T 旋轉了某任意角度的濾器，那麼我們會發現一個類似 $|\langle 0\,R\,|\,0\,T\rangle|^2\,/\,|\langle +R\,|\,0\,T\rangle|^2$ 的機率比值，這個值與哪一道射束通過第一個濾器 S 沒有關係。

5-4 基底狀態

這些結果顯示了量子力學的基本原理之一：任何原子系統可以用一種過濾過程來區分成各種狀態，這樣的一組狀態，我們稱之為**基底狀態**（base state）；對於處於任何單一基底狀態中的原子來說，其未來行為只會取決於所處基底狀態的性質，而和任何先前的經歷無關。★ 這些基底狀態當然取決於所用的濾器，例如(+T)、(0 T)、(−T)這三個狀態是一組基底狀態，而(+S)、(0 S)、(−S)是另一組基底狀態。我們有無數種可能的基底狀態，任何一組都和其他組一樣適用。

我們必須注意的一件事，是我們所考慮的是確實可以產生「純」態的**好**濾器；舉例而言，如果我們的斯特恩─革拉赫濾器不能讓三道射束好好分離，以致於我們不能用遮板來清楚的將分離它們，那麼就不能完全把它們分解成基底狀態。我們怎麼知道是否有了純基底狀態？我們可以透過檢查這些射束是否會被另一個相同的濾器所分離，來確認是否有純粹的基底狀態。例如，我們如果有純(+T)態，所有的原子就會通過

$$\left\{\begin{matrix} + \\ 0 \\ - \end{matrix}\right| \Bigg|_T$$

★ 原注：我們並不希望讓「基底狀態」含有超過以上所說的意義。無論如何，它們不能被設想成是「基本」的。我們使用基底狀態這個詞的用意，只是將這些狀態當成是描述的**基底**而已，有點類似於「以 10 為**底**來說明數字」。

而沒有原子會通過

$$\left\{\begin{array}{c} + \\ 0 \\ - \end{array}\bigg|\bigg|\right\}_T$$

或

$$\left\{\begin{array}{c} + \\ 0 \\ - \end{array}\bigg|\bigg|\right\}_T$$

我們關於基底狀態的說法，意味著將原子過濾成某個純態是**可能的**，而且之後再也不能夠用相同的濾器來進一步過濾。

　　我們必須指出，我們所講的只有在相當理想的情況下才完全成立。在任何真實的斯特恩—革拉赫裝置中，我們必須擔心狹縫造成的繞射，因為繞射會使得一些原子進入對應到不同角度的狀態；或是必須擔心射束中包括了處於別種內部受激態的原子等等。在前面的討論中，我們已經假設了理想的狀況，所以只需談論會被磁場分離的狀態；我們忽略掉了和位置、動量、內部激發等類似事情相關的東西。一般而言，我們也需要考慮相對於這些東西的基底狀態（也就是用這些東西來區分原子）；但是為了不讓概念變得太複雜，我們只考慮了上面所談的三個狀態，這一組狀態在我們的理想狀況中（即原子在通過裝置時沒有被撕裂開，或是受到其他惡劣的待遇，並且在離開實驗裝置時就停了下來），已足以讓我們精確的來處理問題。

　　你應會注意到，在我們的想像實驗中，最初的濾器都只開放了一個管道，所以我們一開始就可以有處於某個明確基底狀態的原

子。我們這麼做的原因是從爐子出來的原子會處於各式各樣的狀態，至於是什麼狀態則是由爐內隨意發生的事情所任意決定的。（這樣的原子稱為「未極化」原子。）這種隨機性牽涉到「古典」式機率，好比丟銅板所牽涉到的機率，和我們現在所擔心的量子力學機率不一樣。未極化射束會帶來額外的麻煩，我們最好先避開這種問題，等到我們比較瞭解極化射束的行為之後再說。所以現在不要去考慮**第一個**裝置讓兩道以上道射束通過的情況。（我們在本章最後會告訴你如何處理這種情形。）

現在回頭看看，當我們從一個濾器的基底狀態轉到另一個濾器的基底狀態時，會發生什事？假設我們一開始有以下的裝置：

$$\left\{\begin{matrix} + \\ 0 \\ - \end{matrix}\right|\Big|_{S} \quad \left|\begin{matrix} + \\ 0 \\ - \end{matrix}\right|\Big|_{T}$$

從 T 出來的原子是在($0\ T$)狀態，而且不會記得它們曾經處於(+S)狀態。有人會說，在 T 過濾原子之後，我們之所以「失去」了關於前一個狀態(+S)的「資訊」的原因是，我們在用 T 裝置將原子區分成三束時「擾動」了原子，然而這種講法是錯誤的。過去的資訊並不是因為原子**分離**成三束而流失，而是因為我們擺進了阻擋的**遮板**，我們從以下的實驗就可以明白這一點。

我們從 +S 濾器開始，並把通過它的原子數目稱為 N。如果我們在 +S 之後擺了一個 $0\ T$ 濾器，則通過 $0\ T$ 的原子數目只是最初原子數目 N 的一部分而已，我們稱它 αN（$\alpha \leq 1$）。如果我們再放進另一個 +S 濾器，則能通過的原子又只是 αN 個原子的一部分而已，我們稱跑出來的原子個數為 $\beta \alpha N$（$\beta \leq 1$）。我們用以下的圖來代表這個情形：

$$\left\{\begin{matrix}+\\0\\-\end{matrix}\middle|\right\}_{S} \xrightarrow{N} \left\{\begin{matrix}+\\0\\-\end{matrix}\middle|\right\}_{T} \xrightarrow{\alpha N} \left\{\begin{matrix}+\\0\\-\end{matrix}\middle|\right\}_{S'} \xrightarrow{\beta \alpha N} \tag{5.14}$$

如果第三個裝置 S' 所篩選的是另一個狀態，例如$(0\ S)$態，則通過的原子數目會是另一個數目，我們稱之爲 $\gamma \alpha N$（$\gamma \le 1$）。* 以下的圖代表這種情況：

$$\left\{\begin{matrix}+\\0\\-\end{matrix}\middle|\right\}_{S} \xrightarrow{N} \left\{\begin{matrix}+\\0\\-\end{matrix}\middle|\right\}_{T} \xrightarrow{\alpha N} \left\{\begin{matrix}+\\0\\-\end{matrix}\middle|\right\}_{S'} \xrightarrow{\gamma \alpha N} \tag{5.15}$$

接下來，我們除去 T 的所有遮板，然後重複上面這兩個實驗，則我們會發現以下驚人的結果：

$$\left\{\begin{matrix}+\\0\\-\end{matrix}\middle|\right\}_{S} \xrightarrow{N} \left\{\begin{matrix}+\\0\\-\end{matrix}\right\}_{T} \xrightarrow{N} \left\{\begin{matrix}+\\0\\-\end{matrix}\middle|\right\}_{S'} \xrightarrow{N} \tag{5.16}$$

$$\left\{\begin{matrix}+\\0\\-\end{matrix}\middle|\right\}_{S} \xrightarrow{N} \left\{\begin{matrix}+\\0\\-\end{matrix}\right\}_{T} \xrightarrow{N} \left\{\begin{matrix}+\\0\\-\end{matrix}\middle|\right\}_{S'} \xrightarrow{0} \tag{5.17}$$

第一種情況中，**所有**的原子都會通過 S'，但是卻**沒有任何**原子可以在第二種情況中通過 S'！這是量子力學偉大的定律之一。大自然並沒有顯而易見的理由得要這麼做，但是對於我們所設想的理想狀況來說，我們所敘述的結果符合無數實驗中所觀測到的量子力學行爲。

5-5 干涉機率幅

從(5.15)到(5.17)，在我們**開放了更多的通道**之後，能通過的原子反而**變少**了，這怎麼可能？這正是量子力學最深奧的古老祕密——機率幅之間的干涉。這和我們以前在電子的雙狹縫干涉實驗中所看到的東西是一樣的，當兩個狹縫都打開時，和狹縫一開一閉的情況相比，電子在某些地方出現的機會反而變小了。

我們可以把原子從(5.17)裝置中的 T 和 S' 通過的機率幅，寫成三項機率幅之和，每一項代表 T 中的一道射束；這三項的和為零：

$$\langle 0 \, S \mid +T \rangle \langle +T \mid +S \rangle + \langle 0 \, S \mid 0 \, T \rangle \langle 0 \, T \mid +S \rangle$$
$$+ \langle 0 \, S \mid -T \rangle \langle -T \mid +S \rangle = 0 \tag{5.18}$$

這三項機率幅個別都不為零，例如第二項機率幅的絕對值平方是 $\gamma\alpha$（見(5.15)式），但它們的**和卻是零**。如果 S' 所篩選的是 $(-S)$ 狀態，我們也會得到相同的答案，但是對於(5.16)的裝置來說，答案就不一樣了。假設通過 T 和 S' 的機率幅是 a，那麼在(5.16)的情況，我們就有以下的式子：◆

＊原注：以我們前面的記號來說，$\alpha = |\langle 0 \, T \mid +S \rangle|^2$，$\beta = |\langle +S \mid 0 \, T \rangle|^2$，$\gamma = |\langle 0 \, S \mid 0 \, T \rangle|^2$。

◆原注：我們其實不能從實驗推論出 $a = 1$，而只能知道 $|a|^2 = 1$。所以 a 可能是 $e^{i\delta}$，但是我們可以證明，$\delta = 0$ 的選擇並不會減損任何一般性。

$$a = \langle +S \mid +T \rangle \langle +T \mid +S \rangle + \langle +S \mid 0T \rangle \langle 0T \mid +S \rangle$$
$$+ \langle +S \mid -T \rangle \langle -T \mid +S \rangle = 1 \tag{5.19}$$

　　在(5.16)的實驗中，射束在分離之後又合併了起來，「破掉的蛋」又湊回來了。關於原來(+S)狀態的資訊全保留了下來，就好像 T 裝置完全不在那裡那樣，無論在「完全打開」的 T 裝置之後擺了什麼東西，這種情況都成立。我們可以在 T 之後放一個 R 濾器——一個偏了某個奇特角度的濾器，或任何東西，但是最後的答案仍然和原子直接從第一個 S 濾器過來所得到的答案一樣。

　　這是一個重要的原理：一個完全開放（沒有任何遮板）的 T 濾器，或任何濾器，不會產生任何變化。我們應該多加一項條件：完全開放的濾器不僅必須傳遞所有三道射束，而且還**不能**對三道射束產生不一樣的擾動。例如，它不能只在一道射束旁邊有強電場，但是在其他射束旁邊卻沒有這種電場；因為來自電場的額外擾動仍然可以讓所有的原子通過濾器，這個擾動還是可能改變某些機率幅的**相位**。這麼一來，干涉現象會受到影響，(5.18)式與(5.19)式的機率幅會變得不一樣。因此，我們將永遠假設沒有這種額外的擾動。

　　我們用一種改良的記號來寫(5.18)式與(5.19)式。令 i 代表(+T)、(0 T)、(−T)其中任何一態，則方程式可以寫成：

$$\sum_{\text{所有} i} \langle 0S \mid i \rangle \langle i \mid +S \rangle = 0 \tag{5.20}$$

與

$$\sum_{\text{所有} i} \langle +S \mid i \rangle \langle i \mid +S \rangle = 1 \tag{5.21}$$

同樣的，如果 S' 被完全任意的濾器 R 所取代，實驗變成

$$\left\{ \begin{matrix} + \\ 0 \\ - \end{matrix} \right\}_S \quad \left\{ \begin{matrix} + \\ 0 \\ - \end{matrix} \right\}_T \quad \left\{ \begin{matrix} + \\ 0 \\ - \end{matrix} \right\}_R \tag{5.22}$$

這個實驗和 T 裝置被拿掉的實驗

$$\left\{ \begin{matrix} + \\ 0 \\ - \end{matrix} \right\}_S \quad \left\{ \begin{matrix} + \\ 0 \\ - \end{matrix} \right\}_R$$

永遠有相同的結果。這個情況用數學式子表示就是

$$\sum_{\text{所有} i} \langle +R \mid i \rangle \langle i \mid +S \rangle = \langle +R \mid +S \rangle \tag{5.23}$$

這就是我們的基本定律。只要 i 所代表的是任何濾器的三種基底狀態，通常來說，這式子就成立。

你會注意到，在(5.22)實驗中的 S 和 R，與 T 沒有什麼特別的關係。此外，無論這些濾器篩選了什麼狀態，我們的論證依舊成立。我們可以把(5.23)式寫成很一般的形式，不必指明 S 和 R 所選擇的特定狀態；我們如果稱第一個濾器所準備的狀態爲 ϕ（在前面的例子中即 $+S$），並稱最後濾器所檢驗的狀態爲 χ（在前面的例子中即 $+R$），則基本定律(5.23)可以寫成以下的形式

$$\langle \chi \mid \phi \rangle = \sum_{\text{所有} i} \langle \chi \mid i \rangle \langle i \mid \phi \rangle \tag{5.24}$$

其中，i 指的是某個特定濾器的三個基底狀態。

我們要再次強調所謂基底狀態的意義，它們就像是可以用我們的斯特恩－革拉赫裝置之一來篩選的三個狀態。一個條件是，一旦你有了一個基底狀態，那麼它的未來就和過去無關。另外一個條件

是，如果你有了一組完備的基底狀態，那麼(5.24)式對於任何一對
起始與終止狀態 φ 與 χ 來說都成立。不過請注意，並**沒有唯一的一
組基底狀態**這回事。我們一開始所考慮的是**針對於**某特定裝置 T 的
基底狀態，我們其實也可以考慮針對於裝置 S 或裝置 R 等的**別組**基
底狀態。* 我們通常會說，某組基底是在「某個表示法中」的基底
狀態。

還有一個條件是任何特定表示法中的基底狀態所必須滿足的，
那就是它們一定是完全不同的狀態。也就是說，如果我們有一個
$(+T)$狀態，沒有機率幅可以讓它進入$(0\ T)$或$(-T)$狀態。假設 i 與 j
代表某一組特定基底狀態中的任何兩個狀態，那麼我們以前在討論
(5.8)式時，所得到的一般規則便是

$$\langle j \,|\, i \rangle = 0$$

只要 i 不等於 j。我們當然知道

$$\langle i \,|\, i \rangle = 1$$

這兩個方程式通常可以寫成

$$\langle j \,|\, i \rangle = \delta_{ji} \qquad\qquad (5.25)$$

其中的 δ_{ji}（Kronecker delta，克氏尋同符號）是一個符號，它的定義
是：$\delta_{ji} = 0$，當 $i \neq j$；而 $\delta_{ji} = 1$，當 $i = j$。

(5.25)式並非獨立於我們提過的其他定律；我們剛好對於「尋
找能推導出一切定律的最精簡一組獨立公設」這個數學問題不特別
感興趣。◆ 我們只要得到一組完備的公設，而且這組公設起碼在表
面上不能有矛盾，就滿足了。不過我們可以證明(5.25)式與(5.24)式
並不是相互獨立的。假設(5.24)式中的 φ 代表 i 這組基底狀態中的某

個狀態，比方說是 j（即 $\phi = j$），那麼我們就有

$$\langle x \mid j \rangle = \sum_i \langle x \mid i \rangle \langle i \mid j \rangle$$

但是(5.25)式說 $\langle i \mid j \rangle$ 等於零，除非 $i = j$，所以上式中的累加只得到 $\langle x \mid j \rangle$ 而已，因此我們得到一個等式，也就說這兩個定律不是相互獨立的。

　　我們還可以看到，如果(5.10)式與(5.24)式都成立，那麼各個機率幅必然還滿足另一個關係。(5.10)式是

$$\langle +T \mid +S \rangle \langle +T \mid +S \rangle^* + \langle 0T \mid +S \rangle \langle 0T \mid +S \rangle^* \\ + \langle -T \mid +S \rangle \langle -T \mid +S \rangle^* = 1$$

如果我們讓(5.24)式中的 ϕ 跟 $\times$ 都等於(+S)狀態，則(5.24)式等號左邊是 $\langle +S \mid +S \rangle = 1$，所以我們再次得到(5.19)式

$$\langle +S \mid +T \rangle \langle +T \mid +S \rangle + \langle +S \mid 0T \rangle \langle 0T \mid +S \rangle \\ + \langle +S \mid -T \rangle \langle -T \mid +S \rangle = 1$$

上面這兩個式子是一致的（對於所有 T 裝置與 S 裝置的相對取向而言），只要

$$\langle +S \mid +T \rangle = \langle +T \mid +S \rangle^*$$
$$\langle +S \mid 0T \rangle = \langle 0T \mid +S \rangle^*$$
$$\langle +S \mid -T \rangle = \langle -T \mid +S \rangle^*$$

---

　　*原注：事實上，對於有三個或更多個基底狀態的原子系統來說，還有其他類與斯特恩—革拉赫裝置相當不一樣的濾器，可以用來得到更多組的基底狀態（每一組有相同**數目**的狀態）。
　　◆原注：我們不會被重複的**事實**所困擾。

因此對於任何狀態 ϕ 跟 χ 而言，

$$\langle \phi \mid \chi \rangle = \langle \chi \mid \phi \rangle^* \tag{5.26}$$

如果上式不成立，機率就不是「守恆」的，而粒子就會「喪失」。

在往下講之前，我們把機率幅相關的三個重要一般定律總結一下，它們是(5.24)式、(5.25)式、及(5.26)式：

$$
\begin{aligned}
\text{I} \quad & \langle j \mid i \rangle = \delta_{ji} \\
\text{II} \quad & \langle \chi \mid \phi \rangle = \sum_{\text{所有} i} \langle \chi \mid i \rangle \langle i \mid \phi \rangle \\
\text{III} \quad & \langle \phi \mid \chi \rangle = \langle \chi \mid \phi \rangle^*
\end{aligned} \tag{5.27}
$$

這些方程式中的 i 跟 j 所指的是**某個**表示法中的**所有**基底狀態，而 ϕ 和 χ 則代表原子的任何可能狀態。請特別注意(5.27)式中的 II 如果要成立，其中的累加必須將系統的**所有**基底狀態（在這裡，就是所有三個狀態 $+T$、$0\,T$、$-T$）考慮在內。

這些定律並沒有告訴我們，應該選擇哪組狀態做為基底狀態。我們最初用了 T 裝置，它是一個有任意磁場取向的斯特恩－革拉赫裝置，但是任何其他取向的裝置，例如說 W，也同樣適用。這時 i 跟 j 所指的是另一組基底狀態，但是所有的定律仍然成立，基底狀態並非只有唯一的一組。量子力學的偉大遊戲之一，就是利用「我們可以用一種以上的方式來計算東西」這件事實。

5-6 量子力學架構

我們現在要告訴你，為什麼這些定律很有用。假設有個處在某個狀態的原子（也就是說我們用某種方式來準備這個原子），我們

想知道的是，原子在某個實驗中會變成什麼樣子。換句話說，原子最初是在狀態 φ，我們想知道它有多少**機會**能通過只接受狀態 × 原子的裝置？這些定律說，我們可以用三個複數 〈× | i〉 來完整描述實驗裝置，複數 〈× | i〉 是每個基底狀態 i 會進入狀態 × 的機率幅；我們只要用三個複數 〈i | φ〉 來描述原子的狀態，就可以知道被放進裝置中的原子會發生什麼事，複數 〈i | φ〉 是原子從初始狀態 φ 進入基底狀態 i 的機率幅。這是非常重要的想法。

我們來看另一個例子。考慮以下的問題：一開始有個 S 裝置，接下來是一堆亂七八糟的東西，我們稱之為 A，然後是 R 裝置，也就是說整個裝置是

$$\left\{\begin{matrix}+\\0\\-\end{matrix}\middle|\right\}_S \quad \{A\} \quad \left\{\begin{matrix}+\\0\\-\end{matrix}\middle|\right\}_R \tag{5.28}$$

所謂的 A 指的是一些斯特恩—革拉赫裝置的任何複雜安排，這些斯特恩—革拉赫裝置可以有一些遮罩或半個遮罩、指向某個奇特的角度、奇特的電場與磁場……幾乎包含你要放進去的任何東西。（做想像實驗是很棒的事，你不必真的費心去**造出**這些裝置來！）我們的問題是：一個原子以(+S)狀態進入 A 裡頭，然後以(0 R)狀態離開的機率幅是多少？原子若以(0 R)狀態離開 A，才能通過最後的 R 濾器。這樣的機率幅以通常的記號來寫就是

$$\langle 0\,R \,|\, A \,|\, {+}S \rangle$$

和往常一樣，我們得從右邊往左讀這個式子（像希伯來文那樣）：

$$\langle 結束 \,|\, 通過 \,|\, 開始 \rangle$$

如果 A 恰好不做任何事情，它只是完全開放的通道，那麼我們就有

$$\langle 0\,R\,|\,1\,|+S\rangle = \langle 0\,R\,|+S\rangle \tag{5.29}$$

這兩個符號是相等的。就更為一般性的問題來說，我們可以用一般性的初始狀態 ϕ 來替代 $(+S)$，並且用一般性的終止狀態 $\times$ 來替代 $(0\,R)$，我們想知道的機率幅就是

$$\langle x\,|\,A\,|\,\phi\rangle$$

對於裝置 A 的完整分析，必須包括每一對可能的狀態 ϕ 和 $\times$ 的機率幅 $\langle x\,|\,A\,|\,\phi\rangle$，而可能的組合有無窮多種！這麼一來，我們怎麼能夠扼要的描述裝置 A 的行為？但是我們可以這麼做：設想將 (5.28) 的裝置修改成

$$\left\{\begin{matrix}+\\0\\-\end{matrix}\right|_{S} \quad \left|\begin{matrix}+\\0\\-\end{matrix}\right\}_{T} \quad \left\{A\right\} \quad \left\{\begin{matrix}+\\0\\-\end{matrix}\right|_{T} \quad \left|\begin{matrix}+\\0\\-\end{matrix}\right\}_{R} \tag{5.30}$$

這其實算不上什麼修改，因為完全開放的 T 裝置不會做任何事情。然而，它們卻提示了我們該如何分析這個問題。首先有一組機率幅 $\langle i\,|+S\rangle$ 是來自 S 的原子會進入 T 的 i 狀態的機率幅，接著有另一組機率幅是以 i 狀態（相對於 T）進入 A 的原子會以 j 狀態（相對於 T）出來的機率幅，最後還有每個 j 狀態會以 $(0\,R)$ 狀態通過最後一個濾器的機率幅。每一個可能的不同路徑都有一個機率幅，等於

$$\langle 0\,R\,|\,j\rangle\langle j\,|\,A\,|\,i\rangle\langle i\,|+S\rangle$$

而總機率幅就是將各種機率幅都加起來的和，i 與 j 的每個可能組合都必須考慮在內。我們所要的機率幅就是

$$\sum_{ij} \langle 0\,R \mid j\rangle\langle j \mid A \mid i\rangle\langle i \mid +S\rangle \tag{5.31}$$

如果(0 R)與(+S)被一般狀態x與ϕ取代，我們也會有類似形式的機率幅，所以一般的結果就是

$$\langle x \mid A \mid \phi\rangle = \sum_{ij} \langle x \mid j\rangle\langle j \mid A \mid i\rangle\langle i \mid \phi\rangle \tag{5.32}$$

請注意(5.32)式等號的右邊其實比左邊更「簡單」，我們可以用**九個**複數 $\langle j \mid A \mid i\rangle$ 來完整描述裝置 A。這九個數字告訴了我們，A 對於裝置 T 的三個基底狀態的反應是什麼；一旦我們知道這九個數字，而且用三個進入（或來自）三個基底狀態的機率幅來定義入射狀態與射出狀態 ϕ 與 x，我們就可以處理任何兩個 ϕ 與 x 的問題，實驗結果便可以用(5.32)式來預測。

這就是自旋1粒子的量子力學架構，我們用三個數字來描述每一個**狀態**，這三個數字是這個狀態會進入某組選定的基底狀態之一的機率幅；每個裝置則可以用九個數字來描述，這些數字是從一個基底狀態在裝置中進入另一個基底狀態的機率幅；我們只要有了這些數字就可以計算任何東西。

描述裝置的九個機率幅經常寫成一個方矩陣，稱為 $\langle j \mid A \mid i\rangle$ 矩陣：

$$
\begin{array}{c c c c}
 & & \text{從} & \\
 & + & 0 & - \\
\hline
+ & \langle+\mid A\mid+\rangle & \langle+\mid A\mid 0\rangle & \langle+\mid A\mid-\rangle \\
\text{進入}\;\, 0 & \langle 0\mid A\mid+\rangle & \langle 0\mid A\mid 0\rangle & \langle 0\mid A\mid-\rangle \\
- & \langle-\mid A\mid+\rangle & \langle-\mid A\mid 0\rangle & \langle-\mid A\mid-\rangle \\
\end{array} \tag{5.33}
$$

量子力學的數學只是這個想法的推廣而已。我們給你一個簡單的例子。假設有個裝置 C，我們想分析它，也就是說我們想知道各

個矩陣元素 $\langle j \mid C \mid i \rangle$ 是什麼。比方說，我們想知道在以下的實驗中會發生什麼事情：

$$\left\{ \begin{matrix} + \\ 0 \\ - \end{matrix} \right\}_{S} \quad \left\{ C \right\} \quad \left\{ \begin{matrix} + \\ 0 \\ - \end{matrix} \right\}_{R} \tag{5.34}$$

但如果我們接著注意到，C 只是由兩個裝置 A 和 B 所串聯起來的東西而已，粒子通過 A 然後通過 B，我們就可以用符號

$$\left\{ C \right\} = \left\{ A \right\} \cdot \left\{ B \right\} \tag{5.35}$$

來表示這種情況。我們可以稱 C 裝置為 A 與 B 的「乘積」。假設我們已經知道如何分析 A 與 B 這兩部分，我們就可以知道 A 與 B 的矩陣（相對於 T），問題就解決了。

對於任何的輸入與輸出狀態 ϕ 與 χ 而言，我們可以輕易得到

$$\langle \chi \mid C \mid \phi \rangle$$

首先我們這麼寫

$$\langle \chi \mid C \mid \phi \rangle = \sum_{k} \langle \chi \mid B \mid k \rangle \langle k \mid A \mid \phi \rangle$$

你可以看出為什麼這樣嗎？（**提示**：想像將一個 T 裝置放在 A 與 B 之間。）如果我們考慮一個特殊情形，那就是 ϕ 與 χ 也是（T 的）基底狀態，例如 i 和 j，那麼我們就有

$$\langle j \mid C \mid i \rangle = \sum_{k} \langle j \mid B \mid k \rangle \langle k \mid A \mid i \rangle \tag{5.36}$$

這個方程式用裝置 A 與 B 的矩陣，來表示「乘積」裝置 C 的矩陣。數學家依據(5.36)式的累加規定從兩個矩陣 $\langle j\,|\,A\,|\,i\rangle$ 與 $\langle j\,|\,B\,|\,i\rangle$ 所形成的矩陣，稱這個新矩陣 $\langle j\,|\,C\,|\,i\rangle$ 為兩個矩陣 B 和 A 的「乘積」矩陣 BA。（請注意相乘的**順序**是很重要的事，$AB \neq BA$。）因此我們可以說，兩個裝置前後連在一起的矩陣，是這兩個裝置的矩陣的乘積（把**第一個**裝置的矩陣放在乘積的**右邊**）。任何瞭解矩陣代數的人，都瞭解我們的意思就是(5.36)式罷了。

5-7 變換到另一組基底

關於計算所使用的基底狀態，還有最後一點必須說明。假設我們選擇了某組特定基底，例如說 S 基底，但是另外一個人決定用另一組基底來計算，例如說 T 基底；為了不讓事情出錯，我們稱我們的基底狀態為(iS)態，其中 i = +、0、−，我們也同樣的把另一個人的基底狀態稱為(jT)。然而我們如何比較我們的結果與他的結果呢？任何實驗的最後結果應該都得相同，可是計算中的各種機率幅以及使用的矩陣會不一樣。它們的關係是什麼？

比方說，我們都從同一個狀態 φ 出發，我們會用三個機率幅 $\langle iS\,|\,\phi\rangle$ 來描述 φ，它們是 φ 進入 S 表示法中三個基底狀態的機率幅；但是他會用機率幅 $\langle iT\,|\,\phi\rangle$ 來描述 φ，這些機率幅是 φ 進入（他所使用的）T 表示法中基底狀態的機率幅。不過我們該如何檢驗我們真的是在描述同一狀態 φ 呢？我們可以利用(5.27)式中的一般性規則 II，用另一人的狀態之一 jT 來取代規則 II 中的 ×，就得到

$$\langle jT \,|\, \phi\rangle = \sum_i \langle jT \,|\, iS\rangle\langle iS \,|\, \phi\rangle \tag{5.37}$$

我們只要有了矩陣 $\langle jT \,|\, iS \rangle$ 的九個複數，就可以聯繫 S 與 T 這兩個表示法。我們可以用這個矩陣，來把他的所有方程式轉換成我們的形式。矩陣 $\langle jT \,|\, iS \rangle$ 告訴我們如何從一組基底狀態**變換**到另一組基底狀態。（所以 $\langle jT \,|\, iS \rangle$ 有時候稱爲「從表示法 S 到表示法 T 的變換矩陣」。眞是有模有樣的名稱！）

對於自旋 1 粒子來說，我們只有三個基底狀態（如果是更高的自旋，基底狀態的數目更多），所以數學公式和我們在一般向量代數中所看到的很類似。每一個向量可以用三個數字來代表，它們是沿著 x、y、z 軸的分量。也就是說，每個向量可以分解成三個「基底」向量，這些是沿著三個軸的向量。但是假如另外一個人選用了另一組 x'、y'、z' 座標軸，他就會用不同的數字來代表任何特定的向量；他的計算看起來會不一樣，可是最後仍然得到一樣的結果。我們以前已經討論過這種情形，而且知道將向量從一組軸變換到另一組軸的規則。

你或許會想嘗試一些例子，以便瞭解如何使用量子力學變換，所以我們在這裡告訴你（但不去證明）轉換矩陣是什麼，這些矩陣可以把表示法 S 中的自旋 1 機率幅轉成表示法 T 中的機率幅，這裡的 S 濾器與 T 濾器有各種特殊的相對取向。（我們以後會告訴你，如何推導這些相同的結果。）

第一種情況：T 裝置和 S 裝置有相同的 y 軸（沿著粒子運動的方向），但是繞著共同的 y 軸轉了 α 角度（如圖 5-6 所示）。（更明確一點說，一組固定於 T 裝置的 x'、y'、z' 座標，與 S 裝置的 x、y、z 座標有如下的關係：$z' = z \cos\alpha + x \sin\alpha$，$x' = x \cos\alpha - z \sin\alpha$，$y' = y$。）那麼轉換矩陣就是：

$$\langle +T \mid +S \rangle = \tfrac{1}{2}(1 + \cos\alpha)$$

$$\langle 0\,T \mid +S \rangle = -\frac{1}{\sqrt{2}}\sin\alpha$$

$$\langle -T \mid +S \rangle = \tfrac{1}{2}(1 - \cos\alpha)$$

$$\langle +T \mid 0\,S \rangle = +\frac{1}{\sqrt{2}}\sin\alpha$$

$$\langle 0\,T \mid 0\,S \rangle = \cos\alpha$$

$$\langle -T \mid 0\,S \rangle = -\frac{1}{\sqrt{2}}\sin\alpha \tag{5.38}$$

$$\langle +T \mid -S \rangle = \tfrac{1}{2}(1 - \cos\alpha)$$

$$\langle 0\,T \mid -S \rangle = +\frac{1}{\sqrt{2}}\sin\alpha$$

$$\langle -T \mid -S \rangle = \tfrac{1}{2}(1 + \cos\alpha)$$

第二種情況：T 裝置和 S 裝置有相同的 z 軸，但是繞著 z 軸轉了 β 角度。（座標轉換關係是：$z' = z$，$x' = x\cos\beta + y\sin\beta$，$y' = y\cos\beta - x\sin\beta$。）那麼轉換矩陣就是：

$$\langle +T \mid +S \rangle = e^{+i\beta}$$
$$\langle 0\,T \mid 0\,S \rangle = 1$$
$$\langle -T \mid -S \rangle = e^{-i\beta} \tag{5.39}$$
$$\text{其他} = 0$$

請注意，任何 T 的旋轉，都可以從以上所描述的旋轉組合而成。

如果狀態 ϕ 是由以下三個數字所定義的：

$$C_+ = \langle +S \mid \phi \rangle, \qquad C_0 = \langle 0\,S \mid \phi \rangle, \qquad C_- = \langle -S \mid \phi \rangle \tag{5.40}$$

而且同樣的狀態在 T 的表示法中，是由下面三個數字所描述：

$$C'_+ = \langle +T \mid \phi \rangle, \qquad C'_0 = \langle\, 0\, T \mid \phi \rangle, \qquad C'_- = \langle -T \mid \phi \rangle \quad (5.41)$$

那麼，(5.38)式與(5.39)式中的係數 $\langle jT \mid iS \rangle$ 就會告訴我們 C_i 和 C'_i 的變換關係。換句話說，C_i 很像是一個向量的分量，它們在 S 的觀點中的值不同於 T 觀點中的值。

　　對於自旋 1 粒子，而且是**只**對於自旋 1 粒子來說，因為它需要**三個**機率幅，機率幅與向量的對應關係是相當密切的；每個情況中都有三個數字必定以某種明確的方式隨著座標而變。事實上，有一組**變換起來就像是向量的三個分量**的基底狀態；以下的三個組合

$$C_x = -\frac{1}{\sqrt{2}}\,(C_+ - C_-), \qquad C_y = -\frac{i}{\sqrt{2}}\,(C_+ + C_-), \qquad C_z = C_0$$

$$(5.42)$$

變換成 $C_x{'}$、$C_y{'}$、$C_z{'}$ 的方式，和 x、y、z 變換成 x'、y'、z' 的方式一樣。（你可以利用變換公式(5.38)式與(5.39)式，來檢驗這個說法是不是成立。）所以你現在就應理解，為什麼自旋 1 粒子常常被稱為「向量粒子」。

5-8　其他的狀況

　　我們一開始就指出了，對於自旋 1 粒子的討論是任何量子力學問題的原型。任何推廣只和狀態的數目有關，任何特殊狀況可能會牽涉到 n 個基底狀態*，而不是只有三個基底狀態。我們的基本定

＊原注：基底狀態的數目 n 可能是（一般而言也是）無窮大。

律(5.27)式依然有完全相同的形式，除了 i 跟 j 現在必須涵蓋所有 n 個基底向量。我們可以這麼來分析任何現象：求出它從每個基底狀態出發而最後成為任何其他基底狀態的機率幅，接著把整組基底狀態累加起來。任何一組合理的基底狀態都適用，如果有人想要用另一組不同的基底，他當然可以這麼做；這兩組基底可以用 n 乘 n 的變換矩陣聯繫起來。我們以後還會討論到這種變換。

最後，我們曾答應要提到，如果原子是直接來自爐子，接著通過某個裝置 A，然後用可以篩選出狀態 $\times$ 的濾器來分析時該怎麼辦；你這時不知道原子一開始的狀態 ϕ，或許你最好暫時還是不要擔心這個問題，而只專心於一開始是純態的狀況；不過如果你堅持，我們就告訴你如何處理這樣的問題。

首先，你必須能夠對於原子從爐子出來時的狀態分布做合理的猜測。例如，如果爐子沒有任何「特殊」的地方，你可能合理的猜測原子會以隨機的「取向」離開爐子。就量子力學而言，這表示你完全不知道原子的狀態，但三分之一的原子是在(+S)狀態中，三分之一是在(0 S)狀態，而三分之一是在($-S$)狀態。如果原子在(+S)狀態，它會通過的機率幅是 $\langle \times | A | +S \rangle$，而機率是 $|\langle \times | A | +S \rangle|^2$；其他情況也有類似的結果。所以總機率是

$$\tfrac{1}{3}|\langle \times | A | +S \rangle|^2 + \tfrac{1}{3}|\langle \times | A | 0\,S \rangle|^2 + \tfrac{1}{3}|\langle \times | A | -S \rangle|^2$$

我們為什麼使用 S，而非（比方說）T 呢？其實無論我們選用哪一組基底來分解最初的狀態，最後的答案都是一樣的，只要我們所處理的是完全隨機的取向，原因是下式對於任何 $\times$ 來說都成立：

$$\sum_i |\langle \times | iS \rangle|^2 = \sum_j |\langle \times | jT \rangle|^2$$

（這個式子留給你去證明。）

　　請注意，我們不能說初始狀態有等於 $\sqrt{1/3}$ 的機率幅在$(+S)$狀態，有 $\sqrt{1/3}$ 的機率幅在$(0\ S)$狀態，有 $\sqrt{1/3}$ 的機率幅在$(-S)$狀態，那是**錯誤**的講法；因為那意味著某些干涉是可能的。事實上，問題只在於你**不知道**初始狀態是什麼，所以你必須由系統最初處於各種可能狀態的機率來考慮問題，因此你必須對於各種機率取加權平均（weighted average）。

第6章

自旋 1/2

6-1 變換機率幅

我們在上一章以自旋 1 系統為例，大致說明了量子力學的一般性原理：

任何狀態 ψ 都可以用一組基底狀態來描述，我們只需說明在每個基底狀態上的機率幅為何。

一般而言，從任何狀態到其他狀態的機率幅可以寫成一些乘積的和；每項乘積是「初始狀態進入基底狀態之一的機率幅」乘以「從那個基底狀態進入終止狀態的機率幅」，然後將每項對於所有的基底狀態累加起來：

$$\langle \chi \mid \psi \rangle = \sum_i \langle \chi \mid i \rangle \langle i \mid \psi \rangle \tag{6.1}$$

基底狀態是相互正交的，你如果處於某個基底狀態，那麼你也處在另一個基底狀態的機率幅為零：

$$\langle i \mid j \rangle = \delta_{ij} \tag{6.2}$$

任何一個狀態直接到另一個狀態的機率幅，是反過來機率幅的共軛複數：

$$\langle \chi \mid \psi \rangle^* = \langle \psi \mid \chi \rangle \tag{6.3}$$

原注：本章是相當長、也相當抽象的附帶旅程，它所引入的任何新結果，我們以後都還會用別種方式來推導。因此你可以暫時跳過這一章，以後你如果感興趣，可以再回來。

　　對於量子狀態來說，可以有多過一組基底，而且我們可以用(6.1)式來從一組基底轉換到另一組基底，這些事我們也稍微討論了。比方說，假設我們有了 $\langle iS \mid \psi \rangle$ 這個可以發現 ψ 狀態會在基底系統 S 中每個基底狀態 i 上的機率幅，但是我們後來決定比較喜歡用另一組基底狀態，例如屬於基底 T 的狀態 j，來描述 ψ。我們可以將一般性公式(6.1)中的 × 用 jT 取代，而得到以下的式子：

$$\langle jT \mid \psi \rangle = \sum_i \langle jT \mid iS \rangle \langle iS \mid \psi \rangle \tag{6.4}$$

　　狀態(ψ)會進入基底狀態(jT)的機率幅，以及它會進入基底狀態(iS)的機率幅，是由一組係數 $\langle jT \mid iS \rangle$ 所聯繫起來的。如果我們有 N 個基底狀態，那麼就有 N^2 個這種係數。這樣一組係數經常稱為「**從 S 表示法到 T 表示法的變換矩陣**」；這在數學上看起來相當可怕，但是只要稍微重新命名，就可以知道其實還好。如果把狀態 ψ 進入基底狀態 iS 的機率幅稱為 C_i，也就是 $C_i = \langle iS \mid \psi \rangle$，並且稱 ψ 進入基底狀態 jT 的機率幅為 C'_j，也就是 $C'_j = \langle jT \mid \psi \rangle$，那麼(6.4)式可以寫成

$$C'_j = \sum_i R_{ji} C_i \tag{6.5}$$

其中的 R_{ji} 代表 $\langle jT \mid iS \rangle$。每項機率幅 C'_j 等於係數 R_{ji} 乘以機率幅 C_i，然後對 i 累加起來，它的形式與向量從一個座標系到另一座標系的變換相同。

　　為了避免花太多時間在太抽象的事情上，我們已經給了你這些係數的一些例子，這些例子適用於自旋1的情形，所以你可以看到如何實際的使用它們。另一方面，量子力學有個很漂亮的東西——只是從存在著三個狀態這件事實，以及空間在旋轉下的對稱性質，我們就可以從抽象推理求得這些係數。在這麼早的階段就告訴你這

些推論有個缺點，那就是你會在我們「腳踏實地」之前，埋首於另一組抽象的東西。但是這些東西實在太美妙了，所以不管如何，我們還是要這麼做。

我們將在這一章告訴你，如何推導出自旋 1/2 粒子的變換係數。我們選擇這個例子、而不是自旋 1 粒子的理由是，它比較簡單一些。我們的問題是找出一個粒子的 R_{ji} 係數，這個粒子也就是一個原子系統，在斯特恩—革拉赫裝置中會分裂成兩道射束。我們將用純推理，加上一些假設，推導出從一個表示法到另一表示法的所有變換係數。如果要利用「**純**」推理，**某些**假設是不可避免的！雖然論證有些抽象，而且有些複雜，然而相對來說，我們的結果是容易敘述並且容易理解的，而結果是最重要的東西。你如果喜歡，可以把這想成是一種文化之旅。

事實上，我們已安排了將這裡推導出的所有基本結果，當它們在以後章節需要派上用場時，以別種方式再推導一次。所以你不用害怕，如果你完全略過本章，或以後再來研讀，你就會跟不上我們對於量子力學的討論。我們說這趟旅程是「文化」之旅的意思是，我們想藉此告訴你，量子力學原理不僅有趣，而且非常深奧，以致於我們只要加進一些關於空間結構的額外假設，就可以推導出物理系統的很多性質。

還有，知道量子力學的不同結果來自何處，是很重要的事，原因是只要我們的物理定律還不完整，我們知道實際上它們就是如此，那麼我們最好瞭解，當理論無法與實驗相符之時，出問題的地方是我們的邏輯最強的地方，還是最弱的地方？到目前為止，情況似乎是，當我們的邏輯最抽象的時候，它永遠給出正確的答案，也就是和實驗相符。只有當我們試著要建構基本粒子的內部結構與其交互作用的特定模型之時，我們才找不出和實驗相符的理論。不管

我們在什麼地方來檢驗我們即將描述的理論，它都和實驗相符，無論是就奇異粒子，或電子、質子等而言。

在開始之前，我們得提一下惱人但有趣的一點：我們無法求得唯一的係數 R_{ji}，因為機率幅總有些隨意之處。如果你有一組機率幅，例如經由很多不同路徑抵達某個地方的機率幅，而且你將每個機率幅乘上相同的因子，例如 $e^{i\delta}$，你就會得到另一組也一樣合用的機率幅。所以，我們永遠可以在任何問題中，任意的改變所有機率幅的相位，只要你願意。

假設你把幾個機率幅加起來，例如$(A + B + C + \cdots\cdots)$，並取絕對值平方以計算某個機率；另外一個人利用機率幅的和$(A' + B' + C' + \cdots\cdots)$並取絕對值平方來計算同樣的東西。如果 A、B、C、$\cdots\cdots$ 等於 A'、B'、C'、$\cdots\cdots$，除了一個因子 $e^{i\delta}$ 之外，則取了絕對值平方之後所得到的一切機率會完全一樣，因為$(A' + B' + C' + \cdots\cdots)$就等於 $e^{i\delta}(A + B + C + \cdots\cdots)$。或者假設我們用(6.1)式計算東西，但是我們忽然改變某個基底系統的所有相位，每個機率幅 $\langle i \mid \psi \rangle$ 都會乘以同一因子 $e^{i\delta}$，同樣的，機率幅 $\langle i \mid \times \rangle$ 也會乘上 $e^{i\delta}$，然而機率幅 $\langle \times \mid i \rangle$ 是機率幅 $\langle i \mid \times \rangle$ 的共軛複數，所以 $\langle \times \mid i \rangle$ 會乘上 $e^{-i\delta}$。指數中的正 $i\delta$ 與負 $i\delta$ 相抵消，我們所得到的結果與以前一樣。

所以一般性的規則是，如果我們讓所有某基底系統中，機率幅的相位改變了相同的值，或即使我們只是讓任何問題中，**所有**機率幅的相位改變了相同的值，答案仍舊一樣。因此，我們還有些自由來選擇變換矩陣中各量的相位。我們不時會做一些任意的選擇，通常是跟隨一般使用的習慣。

6-2 變換到旋轉後的座標系

　　我們再次考慮上一章描述過的「改良」斯特恩─革拉赫裝置。一般而言，一束自旋 1/2 粒子從左邊進來會分裂成**兩**束，如圖 6-1 所示。（對於**自旋 1 粒子**來說有三束。）和以前一樣，兩道射束會再合併在一起，除非其中一道在中途被攔截的「阻礙物」給擋了下來。我們在圖中用箭頭顯示磁場**強度**增加的方向，譬如指向有尖角的磁極。我們的箭頭代表任意特定裝置中**向「上」的軸**，這個軸相對於裝置來說是固定的；如果我們一次得使用多個裝置，我們可以

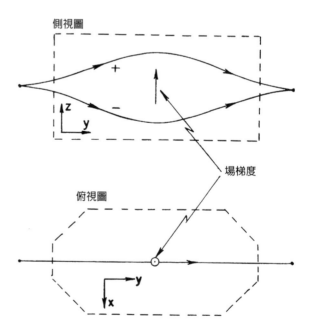

圖6-1　「改良」的斯特恩─革拉赫裝置的側視圖與俯視圖，裝置中有自旋 1/2 粒子射束通過。

用箭頭來顯示各個裝置的相對取向。我們也假設每個磁體中磁場的方向永遠和箭頭方向相同。

我們會說，「上面」那一道射束中的原子，**相對於那裝置來說**，是處於(+)狀態，而「下面」那一道射束中的原子是處於(−)狀態。（對於自旋1/2粒子而言，沒有「零」狀態。）

現在假設把兩個改良的斯特恩─革拉赫裝置前後放在一起，如圖 6-2(a) 所示。我們稱第一個裝置為 S，它可以用來產生純(+S)態或純(−S)態，只要把其中一道射束阻擋掉。（在圖中，S 產生了純(+S)態。）對於每種狀況而言，從 S 出來的粒子總有某個機率幅，會讓它進入第二個裝置中的(+T)或(−T)射束。事實上，我們有四個機率幅：從(+S)到(+T)的機率幅、從(+S)到(−T)的機率幅、從(−S)到(+T)的機率幅、從(−S)到(−T)的機率幅。這些機率幅正是從 S 表示法到 T 表示法的**變換矩陣** R_{ji} 的四個係數。

我們可以這麼看：第一個裝置「產生」了某表示法中的某一特定態，然後第二個裝置以第二個表示法來「分析」那個狀態。那麼我們想要回答的問題就是：如果藉由擋掉 S 裝置裡的其中一道射束，讓原子處於某個狀態，如(+S)態，那麼原子能通過第二個裝置 T，而且設定成譬如只讓(−T)態通過的機率有多大？答案當然會取決於兩系統 S 和 T 之間的角度。

我們應該解釋，為什麼我們有希望透過推理來找出 R_{ji} 的係數。你知道我們幾乎不可能相信，如果一個粒子的自旋是指向 +z 方向，那麼我們還有一些機會能夠發現同一粒子的自旋會指向 +x 方向，或任何其他方向。事實上，它**的確**是幾乎不可能，但還不全然不可能。它是那麼的近乎不可能，以致於**只有一種方式**可以做到這樣子，這就是我們可以找出這個獨特方式的理由。

我們的第一種推論是這樣子的：假設我們有個如次頁圖 6-2(a)

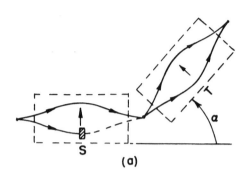

(a)

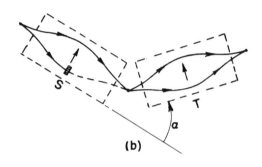

(b)

<u>圖6-2</u>　兩個等價的實驗

所示的安排，其中有兩個裝置 S 和 T，T 裝置相對於 S 的角度是
α，而且我們只讓(+)射束通過 S，以及讓(─)射束通過 T。我們會
發現，有某個機率讓從 S 出來的粒子也可以通過 T。現在假設我們
用圖 6-2(b)的安排來做另一次測量。S 和 T 的**相對**角度仍然沒變，
但是整個系統在空間中的角度變了。我們要**假設**這兩個實驗會得到
相同的機率（也就是處在某 S 裝置純態的粒子，會進入某特定 T 裝
置純態的機率），換句話說，我們正假設任何這一類實驗的結果都
會一樣，即**物理**是一樣的，無論**整個**裝置在空間中的方向是什麼。
（你會說：「當然是這樣，」但這還是一個假設，只有當事情眞的

是這樣子時，它才是「對」的。）

這代表係數 R_{ji} 僅取決於 S 與 T 在空間中的關係，而和 S 與 T 的絕對位置無關。用另一種方式講，R_{ji} 僅取決從 S 到 T 的**旋轉**，因為很明顯的，圖 6-2(a) 與圖 6-2(b) 相同之處，在於將裝置 S 轉成裝置 T 方向的三維旋轉。當變換矩陣 R_{ji} 僅取決旋轉時，像這裡就是這樣，它就稱為**旋轉矩陣**。

我們還需要知道一件事，才能走下一步。假設我們多加了第三個裝置 U，擺在 T 之後，兩者之間夾了任意角度，如次頁的圖 6-3(a) 所示。（事情開始看起來有些恐怖了，但這正是抽象思考好玩的地方，你只需要畫線就可以做出最詭異的實驗！）那麼這個 $S \to T \to U$ 的變換是什麼？我們真正要問的是，從 S 裝置的某狀態進入 U 裝置某狀態的機率幅是什麼，假設我們已知道了從 S 到 T 的變換，以及從 T 到 U 的變換。

在我們所要問的實驗中，T 的兩個管道全是開放的。我們只要連續應用(6.5)式兩次，就可以得到想找的答案。從 S 表示法到 T 表示法，我們有

$$C'_j = \sum_i R^{TS}_{ji} C_i \qquad (6.6)$$

其中我們加了 TS 上標在 R 上面，以便可以將它與係數 R^{UT}（從 T 到 U 的變換）區分開來。

假設處於 U 表示法中基底狀態的機率幅是 C''_k，我們可以利用(6.5)式，把這些機率幅與 T 機率幅聯繫起來，結果是

$$C''_k = \sum_j R^{UT}_{kj} C'_j \qquad (6.7)$$

我們現在合併(6.6)式和(6.7)式，來求得從 S 直接到 U 的變換。把(6.6)式的 C'_j 代入(6.7)式中，就有

$$C_k'' = \sum_j R_{kj}^{UT} \sum_i R_{ji}^{TS} C_i \qquad (6.8)$$

既然 i 沒有出現在 R_{kj}^{UT} 中,我們可以把對於 i 的累加符號放在前面,而把結果寫成

$$C_k'' = \sum_i \sum_j R_{kj}^{UT} R_{ji}^{TS} C_i \qquad (6.9)$$

這就是雙重變換的公式。

但是,請注意,只要 T 中的射束完全沒有被擋下來,從 T 出來

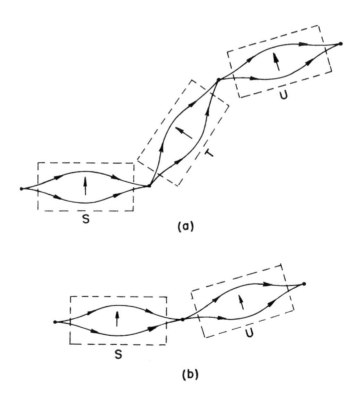

圖6-3 如果 T 是「完全打開的」,則 (b) 就與 (a) 相等。

的狀態與進去的狀態會是一樣的。所以我們何不直接從 S 表示法變換到 U 表示法，答案應該和把 U 裝置直接放在 S 後面一樣，如同圖 6-3(b) 所示。在這種情況下，我們可以這麼寫：

$$C_k'' = \sum_i R_{ki}^{US} C_i \qquad (6.10)$$

其中的係數 R_{ki}^{US} 屬於這個變換。很明顯的，(6.9)式和(6.10)式應該得到相同的機率幅 C_k''，而且無論給了我們係數 C_i 的初始狀態 ϕ 是什麼，都必須是如此。所以下式必須成立：

$$R_{ki}^{US} = \sum_j R_{kj}^{UT} R_{ji}^{TS} \qquad (6.11)$$

換句話說，對於某個參考基底的任何 $S \to U$ 旋轉而言，只要這個旋轉可以看成是兩個連續旋轉 $S \to T$ 與 $T \to U$ 的組合，則旋轉矩陣 R_{ki}^{US} 可依據(6.11)式，得自兩個部分旋轉的矩陣。只要你願意，你能從(6.1)式直接得到(6.11)式，因為它只是 $\langle kU \mid iS \rangle = \sum_j \langle kU \mid jT \rangle \langle jT \mid iS \rangle$ 這個式子，以不同記號來表示罷了。

額外的相位因子消失了

為了周全起見，我們應該補充以下的注解。它們並非十分重要，所以你可以跳到下一節，如果你願意的話。我們前面所說的並不完全正確，我們其實不可以說，(6.9)式與(6.10)式一定會得到**完全**一樣的機率幅；只有**物理**應該是一樣的，所有的機率幅可以相差某個共同相位因子，如 $e^{i\delta}$，而不會改變與實際世界有關的任何計算結果。所以，我們不應有(6.11)式；我們其實只能寫下

$$e^{i\delta} R_{ki}^{US} = \sum_j R_{kj}^{UT} R_{ji}^{TS} \qquad (6.12)$$

其中的 δ 是**某個**實數常數。$e^{i\delta}$ 這個額外因子的意義當然是，我們用 R^{US} 所得到的機率幅，可能會和從兩次旋轉 R^{UT} 與 R^{TS} 所得到的機率幅，全部相差了同樣的因子 ($e^{-i\delta}$)。我們知道，如果所有的機率幅都相差了相同的相位因子，物理不會受到影響，所以只要我們願意，就可以忽略這個相位因子。

　　但是事實上，只要我們以某種特殊的方式來定義我們的旋轉矩陣，這個額外的相位因子永遠不會出現，也就是(6.12)式中的 δ 會永遠為零。雖然以下的說明對於以後的論證不太重要，我們還是利用了關於行列式的數學定理，來告訴你一個快速證明。（你如果還不太熟悉行列式，就請不要擔心這個證明，而直接跳到(6.15)式的定義。）

　　首先，我們應該說(6.11)式是兩個矩陣「乘積」的數學定義。（能夠說：「R^{US} 是 R^{UT} 與 R^{TS} 的乘積」是很方便的事。）其次，有個數學定理說，兩個矩陣「乘積」的行列式是它們個別行列式的乘積，你很容易證明這裡所用的 2 乘 2 矩陣的情形。將這個定理應用到(6.12)式，我們就有

$$e^{i2\delta} (\text{Det } R^{US}) = (\text{Det } R^{UT}) \cdot (\text{Det } R^{TS}) \qquad (6.13)$$

（我們沒把下標寫出來，因為它們不會告訴我們什麼有用的東西。）是的，2δ 這個指數是對的。記得我們所處理的是 2 乘 2 矩陣，矩陣 R_{ki}^{US} 的每一項元素都會乘上 $e^{i\delta}$，所以行列式中的每一項乘積（每一項含有**兩個**矩陣元素）會乘上 $e^{i2\delta}$。現在我們取(6.13)式的平方根，然後除以(6.12)式，就得到

$$\frac{R_{ki}^{US}}{\sqrt{\text{Det } R^{US}}} = \sum_i{}' \frac{R_{kj}^{UT}}{\sqrt{\text{Det } R^{UT}}} \frac{R_j^{TS}}{\sqrt{\text{Det } R^{TS}}} \qquad (6.14)$$

我們看到，額外的相位因子消失了。

事實上，如果我們希望讓任何表示法中的所有機率幅都可以滿足歸一化條件（也就是說，你應該還記得，$\sum_i \langle \phi | i \rangle \langle i | \phi \rangle = 1$），旋轉矩陣的行列式將全部都是有純虛數指數的指數因子，如 $e^{i\delta}$。（我們不會證明這一點，不過你可以看到它永遠是成立的。）因此我們可以選擇讓所有的旋轉矩陣 R 有唯一的相位，只要我們希望如此，方法是讓行列式 Det $R = 1$。我們可以這麼做：假設我們以某種任意的方式找到了一個旋轉矩陣，我們將它「轉變」成「標準形式」的方法是定義

$$R_{標準} = \frac{R}{\sqrt{\text{Det } R}} \qquad (6.15)$$

這就是我們所訂的規則。

6-3 繞 z 軸的旋轉

我們已準備好，來找出兩個表示法之間的變換矩陣 R_{ji} 了。有了我們對於組合旋轉的規則，以及對於空間沒有任何偏好方向的假設，我們就有了找出任何旋轉矩陣所需的鑰匙。解答只有**一個**。我們先從與繞著 z 軸的旋轉相對應的變換開始。

假設我們有兩個裝置 S 和 T，兩者串聯成一直線，它們的軸是平行的並從本書頁面向上指出來，如圖 6-4(a) 所示。我們將這個方向定成「z 軸」。如果射束在 S 裝置中是往「上」（往 $+z$）的，它當然也會在 T 裝置中如此。同樣的，如果射束在 S 中往下，它當然也會在 T 中往下。

不過假設 T 裝置偏了某個角度，但是它的軸仍然與 S 的軸平行，如圖 6-4(b) 所示。直覺上，你會說 S 中的(+)射束依舊會是 T 中的(+)射束，因為磁場以及磁場梯度仍然是在相同的物理狀況。這是相當正確的看法。同樣的，S 中的(－)射束也仍會是 T 中的(－)射束。對於 T 在 S 的 xy 平面上的任何取向而言，同樣的結果也應該適用。

然而，這又告訴了我們什麼關於 $C'_+ = \langle +T \mid \psi \rangle$，$C'_- = \langle -T \mid \psi \rangle$ 與 $C_+ = \langle +S \mid \psi \rangle$，$C_- = \langle -S \mid \psi \rangle$ 之間如何聯繫的事呢？你或許會下結論說，無論基底狀態對於「參考系」z 軸有任何旋轉，「向上」與「向下」的機率幅都不會改變，因此我們可以寫成 $C'_+ = C_+$，$C'_- = C_-$，但這是**錯**的！因為我們**只能夠**得到以下的結論：對於這種旋轉來說，粒子在「上」射束的機率，對於 S 與 T 裝置而言是相等的；也就是說

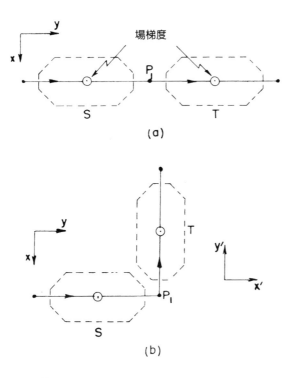

圖6-4　繞著 z 軸轉 $90°$

$$|C'_+| = |C_+| \text{ 以及 } |C'_-| = |C_-|$$

我們不能說，T 裝置機率幅的**相位**，對於圖 6-4(a) 與 (b) 這兩種不同取向來說，或許是相同的。

事實上，圖 6-4(a) 與 (b) 兩種裝置是不一樣的，原因如下：假設我們把一個產生純 $(+x)$ 態的裝置放在 S 前面。（x 軸指向圖的下方。）這種 $(+x)$ 態的粒子會在 S 中分裂成 $(+z)$ 與 $(-z)$ 射束，但是這兩道射束會在離開 S 的 P_1 處再次結合成 $(+x)$ 態。同樣的事再次發生於

T 中。

　　如果我們把第三個裝置 U 放在 T 之後，U 的軸是在$(+x)$方向上，如圖 6-5(a) 所示，則所有的粒子都會進入 U 的$(+x)$射束。現在想像如果 T 和 U **一起**轉了 90° 那麼會發生什麼事。再次的，T 裝置只是把收進去的東西放出來而已，所以進入 U 的粒子是在 S 的$(+x)$狀態。但 U 的軸現在是在$(+y)$方向，所以它會就 S 的$(+y)$態來分

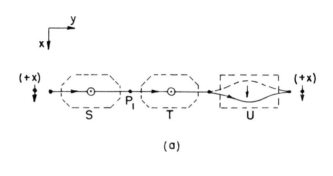

(a)

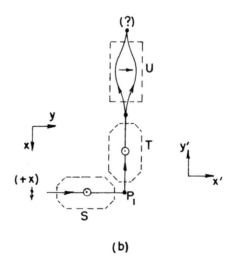

(b)

圖6-5　處於$(+x)$態的粒子，在 (a) 與 (b) 中的行為是不一樣的。

析，這是不同於(+x)態的。（依據對稱，我們現在會期待有一半的粒子可以通過。）

到底什麼改變了？T 和 U 仍然有相同的**物理**相對關係。難道只因為 T 和 U 的方向變了，**物理**就不一樣了嗎？我們原來的假設是，物理應該還是相同的。所以一定是相對於 T 的**機率幅**對於圖 6-5 的 (a) 與 (b) 這兩種情形來說是不一樣的，對於圖 6-4 的 (a) 與 (b) 來說也是不一樣的。粒子一定有辦法知道它在 P_1 處轉了個彎，但它是如何知道的？這麼說吧，我們所能決定的，只是兩種情況的機率幅 C_1' 與 C_2' 的**大小**（絕對值）是一樣的，但是它們可能有不同的**相位**，事實上，它們一定有不同的**相位**。我們的結論是，C_+' 與 C_+ 的關係應該是

$$C_+' = e^{i\lambda} C_+$$

同時 C_-' 與 C_- 的關係應該是

$$C_-' = e^{i\mu} C_-$$

其中 λ 與 μ 是實數，它們一定和 S 與 T 的夾角有關係。

關於 λ 與 μ，我們現在只能說它們一定不能相等（除了圖 6-5(a) 所示的特殊狀況——T 與 S 的取向相同），因為我們已經知道，所有機率幅的相位如果改變了同樣的量，則物理完全不會受到影響。依據相同的理由，我們可以對 λ 與 μ 加上相同的任意量，而不改變任何物理。所以我們可以**選擇**讓 λ 與 μ 有絕對值相等、但正負號相反的值，也就是說，我們永遠可以取

$$\lambda' = \lambda - \frac{(\lambda + \mu)}{2}, \quad \mu' = \mu - \frac{(\lambda + \mu)}{2}$$

這麼一來

$$\lambda' = \frac{\lambda}{2} - \frac{\mu}{2} = -\mu'$$

亦即我們就採用了 $\mu = -\lambda$ 的慣例。＊ 所以我們就得到了一般性法則：如果參考裝置繞著 z 軸旋轉了某個角度，則變換關係是

$$C'_+ = e^{+i\lambda}C_+, \qquad C'_- = e^{-i\lambda}C_- \qquad (6.16)$$

兩種機率幅的絕對值相等，只有相位不一樣。這些相位因子造成了圖 6-5 的兩類實驗有不一樣的結果。

　　我們現在要來找出 λ 與「S 和 T 之間夾角」的關係。我們已經知道一種情況的答案。如果夾角為零，則 λ 就是零。我們將**假設**，當 S 與 T 夾角 ϕ（見圖 6-4）趨近於零的時候，相移（phase shift）λ是 ϕ 的連續函數，這似乎是很合理的。換句話說，如果我們將 T 轉離通過 S 的直線一小角度 ϵ，則 λ 也會是一個很小的量，例如說 $m\epsilon$，m 是某個數字。我們之所以這麼寫，是因為我們可以證明 λ 必須正比於 ϵ。假如我們在 T 之後放了另一個裝置 T'，T' 與 T 的夾角也是 ϵ，則 T' 與 S 的夾角就是 2ϵ。因此，相對於 T 的機率幅是

$$C'_+ = e^{i\lambda}C_+$$

相對於 T' 的機率幅則是

$$C''_+ = e^{i\lambda}C'_+ = e^{i2\lambda}C_+$$

　　但是，我們知道如果把 T' 直接擺在 S 後面，就應該得到同樣的結果。所以，當夾角加倍，相位也會加倍。我們顯然能夠推廣以上

＊原注：從另一個角度看，我們只是把變換以 6-2 節(6.15)式所描述的「標準形式」來表示。

的論證，並且從一連串無限小的旋轉建造出任意的旋轉。我們的結論是對於**任何**角度 ϕ 而言，λ 和 ϕ 成正比。因此我們可以寫成 $\lambda = m\phi$。

　　因此，我們所得到的一般性結論是，對於繞著 z 軸旋轉 ϕ 角度（相對於 S）的 T 裝置而言，

$$C'_+ = e^{im\phi}C_+, \qquad C'_- = e^{-im\phi}C_- \tag{6.17}$$

這裡的角度 ϕ，以及將來所談到的所有旋轉角度，是依據標準慣例來定義的，也就是一個**正旋轉**是繞著參考軸正方向的**右手**旋轉。一個正 ϕ 的旋轉方向，和右旋螺絲釘在正 z 軸上前進的方向是一樣的。

　　現在，我們得要找出 m 必須是什麼。首先，我們可以嘗試以下的論證：假設 T 旋轉了 $360°$，那麼很清楚的，它又回到了零度，所以我們應該有 $C'_+ = C_+$ 與 $C'_- = C_-$，或者說，$e^{im2\pi} = 1$；因此 $m = 1$。**然而這個論證是錯的**！為了看出錯在哪裡，我們考慮 T 旋轉了 $180°$ 的情況。如果 $m = 1$，我們就會有 $C'_+ = e^{i\pi}C_+ = -C_+$，$C'_- = e^{-i\pi}C_- = -C_-$，但這只是**原來**的狀態而已，兩個機率幅同時乘上 -1，就只是得回原來的物理系統而已。（這是有共同相位變化的另一個例子。）這表示如果圖 6-5(b) 中 T 與 S 的夾角增加至 $180°$，則系統（相對於 T）與零度的狀況是無法區分的，因此粒子會再次從 U 裝置的(+)狀態通過。可是當夾角為 $180°$ 時，U 裝置的(+)態就是原先 S 裝置的(−)態，所以一個(+)態變成了(−)態。然而我們並沒有做什麼事去**改變**原來的狀態，所以這個答案是錯的，我們不能讓 $m = 1$！

　　所以我們必須在旋轉 $360°$ 之後，才能夠得回同樣的物理狀態，**任何其他更小的角度都不行**。我們只有讓 $m = \frac{1}{2}$ 才能滿足這個條件：在這樣的情況，而且只有這樣的情況下，第一個重新得回同

樣**物理**狀態的角度才是 $\phi = 360°$ * 這樣的旋轉會得到

$$
\left.\begin{array}{l}
C'_+ = -C_+ \\[2mm]
C'_- = -C_-
\end{array}\right\} \text{繞 } z \text{ 軸旋轉 } 360° \qquad (6.18)
$$

在你把實驗裝置旋轉 360° 之後，竟然會得到新的機率幅，是很奇怪的事；不過這並不真的是新鮮事，因為機率幅全部改變了正負號，並不會導致不同的物理。如果另外一個人決定改變所有機率幅的正負號（因為他以為他旋轉了 360°），這並沒有關係，他還是會得到相同的物理。◆ 所以我們最後的答案是，如果我們知道了自旋 1/2 粒子相對於 S 參考系的機率幅 C_+ 與 C_-，然後我們使用了 T 的基底系統，T 來自於 S 繞 z 軸旋轉 ϕ 角度，那麼新的機率幅與舊機率幅的關係是

$$
\left.\begin{array}{l}
C'_+ = e^{i\phi/2}C_+ \\[2mm]
C'_- = e^{-i\phi/2}C_-
\end{array}\right\} \text{繞 } z \text{ 軸旋轉 } \phi \text{ 角度} \qquad (6.19)
$$

---

*原注：我們似乎也可以讓 m ＝ －1/2，但我們在(6.17)式看到，將正負號變過來，只是重新定義了自旋向上粒子的記號而已。

◆原注：還有，如果某個東西經過一連串的小旋轉，轉回到原來的取向（即一連串的小旋轉造成的淨旋轉是 360° 旋轉），我們還是可以定義它已被旋轉了 360°，只要你追蹤了整個旋轉的過程，會發現這與零角度的淨旋轉不同。（有趣的是，對於 720° 的淨旋轉來說，這是**不對**的。）

6-4　繞 y 軸旋轉 $180°$ 與 $90°$

　　下一步，如果 T（相對於 S）繞著與 z 軸**垂直**的軸，例如 y 軸，旋轉了 $180°$（我們已經在圖 6-1 定義了座標軸），我們將試著猜出這種旋轉所對應的變換矩陣是什麼。

　　換句話說，我們最初有兩個相同的斯特恩—革拉赫裝置，第二個裝置 T 相對於第一個裝置 S「上下顛倒」了過來，如圖 6-6 所示。如果我們把粒子想成是小的磁偶極，那麼一個在 $(+S)$ 的粒子會走第一個裝置中的「上」路徑，也會走第二個裝置中的「上」路徑，所以粒子會是在相對於 T 的**負**狀態。（在顛倒過來的 T 裝置中，場梯度**與**場方向都上下顛倒過來；對於一個磁矩在某個方向的粒子來說，**力並沒有改變**。）無論如何，對於 S 來說是「上」的狀態，對於 T 來說就是「下」的狀態。那麼以 S 和 T 的這些相對位置來說，我們知道機率幅的變換一定滿足

$$|C'_+| = |C_-|, \qquad |C'_-| = |C_+|$$

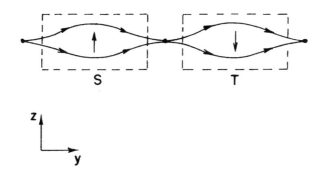

圖 6-6　繞著 y 軸的 $180°$ 旋轉

和以前一樣，我們無法排除某些額外的相位因子；我們可能有（對於繞著 y 軸的 $180°$ 旋轉而言）

$$C'_+ = e^{i\beta}C_- \text{ 以及 } C'_- = e^{i\gamma}C_+ \qquad (6.20)$$

其中的 β 與 γ 是待定的常數。

如果繞著 y 軸的旋轉角度是 $360°$，則會如何呢？嗯，我們已經知道繞著 z 軸旋轉 $360°$ 的情況了——處於任何狀態的機率幅都會改變其正負號（即都得乘上一個負號）。繞著任何軸旋轉 $360°$ 永遠會把我們帶回原來的位置。所以，對於**任何** $360°$ 旋轉而言，答案一定是和繞著 z 軸旋轉 $360°$ 的答案一樣——所有的機率幅都改變了正負號。假設我們連續繞著 y 軸旋轉 $180°$ **兩次**，也就是用上(6.20)式兩次，我們就應該得到(6.18)式；換句話說，

$$C''_+ = e^{i\beta}C'_- = e^{i\beta}e^{i\gamma}C_+ = -C_+$$

與

$$C''_- = e^{i\gamma}C'_+ = e^{i\gamma}e^{i\beta}C_- = -C_- \qquad (6.21)$$

這表示

$$e^{i\beta}e^{i\gamma} = -1 \text{ 或 } e^{i\gamma} = -e^{-i\beta}$$

所以，繞著 y 軸旋轉 $180°$ 的變換可以寫成

$$C'_+ = e^{i\beta}C_-, \qquad C'_- = -e^{-i\beta}C_+ \qquad (6.22)$$

我們剛才所用的論證，也同樣適用於繞著 xy 平面上**任何軸**的 $180°$ 旋轉，雖然不同的軸當然可能有不同的 β 值；不過，這些變換的差異也僅是如此而已。在某種程度上，我們可以隨意指定 β 值，可是一旦 β 值對於 xy 平面上的某個旋轉軸而言已經定下來了，則其

他任何旋轉軸的 β 值也就跟著決定了。我們**習慣**選擇讓繞著 y 軸旋轉 $180°$ 的變換有 $\beta = 0$。

為了證明我們可以這麼選，假設繞著 y 軸旋轉 $180°$ 的 β 不等於零，則我們能夠證明 xy 平面上有**另外**一個旋轉軸，它所對應的相位**會**是零。假設某 A 軸與 y 軸之夾角為 α，如次頁的圖 6-7(a) 所示，我們現在就來找出繞著 A 軸旋轉 $180°$ 的相位 β_A。（為了清楚起見，圖中的 α 是個負數，不過這沒有關係。）假設最初和 S 裝置排成一行的 T 裝置現在繞著 A 軸轉了 $180°$，我們稱 T 的軸為 x''、y''、z''，如圖 6-7(a) 所示。那麼相對於 T 的機率幅將會是

$$C''_+ = e^{i\beta_A}C_-, \qquad C''_- = -e^{-i\beta_A}C_+ \tag{6.23}$$

我們現在可以藉由圖 6-7(b) 與 (c) 所示的兩個連續旋轉，來得到同樣的 x''、y''、z'' 軸。首先，想像一個 U 裝置繞著 y 軸旋轉 $180°$（即相對於 S 旋轉），U 的 x'、y'、z' 軸會如圖 6-7(b) 所示，同時**相對於** U 的機率幅滿足(6.22)式。

現在請注意，我們可以藉由繞著 U 的「z 軸」（即 z' 軸）旋轉，來將 U 轉成 T，如圖 6-7(c) 所示。你可以從圖中看到旋轉的角度必須是 α 的兩倍，但旋轉方向是相反的（相對於 z' 軸）。利用(6.19)式的變換，但是令 $\phi = -2\alpha$，就可得到

$$C''_+ = e^{-i\alpha}C'_+, \qquad C''_- = e^{+i\alpha}C'_- \tag{6.24}$$

把(6.24)式與(6.22)式結合起來，就得到

$$C''_+ = e^{i(\beta-\alpha)}C_-, \qquad C''_- = -\,e^{-i(\beta-\alpha)}C_+ \tag{6.25}$$

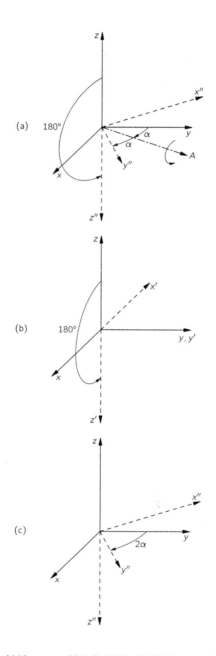

圖 6-7　繞著 A 軸轉 180°，等於先繞著 y 軸旋轉 180°，然後再繞著 z' 軸旋轉 2α 角度。

這些機率幅當然必須和(6.23)式相同，所以 β_A 和 α 與 β 的關係必須是

$$\beta_A = \beta - \alpha \tag{6.26}$$

這表示如果 A 軸與 y 軸的夾角 α 等於 β，則繞著 A 軸轉 180° 的變換就會有 $\beta_A = 0$。

只要垂直於 z 軸的某個軸有 $\beta = 0$，我們就可以選它做為 y 軸。這純粹是個**慣例**的問題而已，我們所採用的是一般的慣例。我們得到的結果是：在繞著 y 軸旋轉 180° 之後，我們有

$$\left.\begin{aligned} C'_+ &= C_- \\ C'_- &= -C_+ \end{aligned}\right\} \text{繞 } y \text{ 軸旋轉 } 180° \tag{6.27}$$

趁我們還在想 y 軸的時候，我們接下來要找出繞 y 軸旋轉 90° 的旋轉矩陣。我們可以找到答案的原因是，繞著同一個軸連著兩次的 90° 旋轉一定等於一個 180° 旋轉。我們先用最一般的形式來寫 90° 旋轉的變換矩陣：

$$C'_+ = aC_+ + bC_-, \quad C'_- = cC_+ + dC_- \tag{6.28}$$

繞著同一個軸的第二次 90° 旋轉，仍然會用上同樣的係數：

$$C''_+ = aC'_+ + bC'_-, \quad C''_- = cC'_+ + dC'_- \tag{6.29}$$

結合(6.28)式與(6.29)式，就得到

$$\begin{aligned} C''_+ &= a(aC_+ + bC_-) + b(cC_+ + dC_-) \\ C''_- &= c(aC_+ + bC_-) + d(cC_+ + dC_-) \end{aligned} \tag{6.30}$$

可是，我們從(6.27)式得知

$$C''_+ = C_-, \qquad C''_- = -C_+$$

所以變換係數必須滿足以下的條件：

$$\begin{aligned} ab + bd &= 1 \\ a^2 + bc &= 0 \\ ac + cd &= -1 \\ bc + d^2 &= 0 \end{aligned} \qquad (6.31)$$

這四個方程式足以決定所有四個未知數：a、b、c、d。方程式並不難解。我們從第二與第四個方程式推出 $a^2 = d^2$，因此 $a = d$ 或 $a = -d$；但 $a = -d$ 是不允許的，因為它與第一個方程式相矛盾，所以 $a = d$。把這結果代入第一與第三個方程式，就得到 $b = 1/2a$ 與 $c = -1/2a$。現在一切都可以表示成 a；例如將第二個方程式全部以 a 來表示，就有

$$a^2 - \frac{1}{4a^2} = 0 \quad \text{或} \quad a^4 = \frac{1}{4}$$

這個方程式有四個不同的解，但是只有兩個可以得到行列式的標準值。我們可以就取 $a = 1/\sqrt{2}$，這麼一來就得到*

$$\begin{aligned} a &= 1/\sqrt{2} & b &= 1/\sqrt{2} \\ c &= -1/\sqrt{2} & d &= 1/\sqrt{2} \end{aligned}$$

　　換句話說，如果有兩個裝置 S 與 T，其中的 T 相對於 S 繞著 y 軸旋轉了 90°，則機率幅的變換是

*原注：另外的解改變了 a、b、c、d 的正負號，而對應到 −270° 的旋轉。

$$C'_+ = \frac{1}{\sqrt{2}} (C_+ + C_-)$$

$$C'_- = \frac{1}{\sqrt{2}} (-C_+ + C_-)$$

繞 y 軸旋轉 90°　　(6.32)

我們當然可以從上式解出 C_+ 與 C_-，這樣我們就得到繞 y 軸旋轉**負** 90° 的變換。把一撇的記號換一下，我們就有

$$C'_+ = \frac{1}{\sqrt{2}} (C_+ - C_-)$$

$$C'_- = \frac{1}{\sqrt{2}} (C_+ + C_-)$$

繞 y 軸旋轉 −90°　　(6.33)

6-5 繞 x 軸的旋轉

你或許會在想：「這開始有點荒謬了，我們接下來要做什麼？繞 y 軸轉 47°，然後繞 x 軸轉 33° 等等，做個沒完嗎？」不，我們幾乎要做完了。只要我們有了已知的兩個變換——繞 y 軸轉 90°，以及繞 z 軸旋轉任意角度（你如果還記得，這是我們最先討論的情況），就可以產生任何旋轉。

我們用以下的例子示範：假設我們要繞著 x 軸轉 α 角度，我們已經知道如何處理繞 z 軸轉 α 角度的問題，但是我們現在要繞著 x 軸轉，該如何做呢？首先，我們把 z 軸轉成 x 軸，也就是繞著 y 軸轉 +90°，如次頁的圖 6-8 所示，然後繞著 z' 軸轉 α 角度，然後再繞著 y'' 軸轉 −90°。這三個旋轉合起來的淨結果，就等於繞著 x 軸旋轉 α 角度。這是空間的性質。

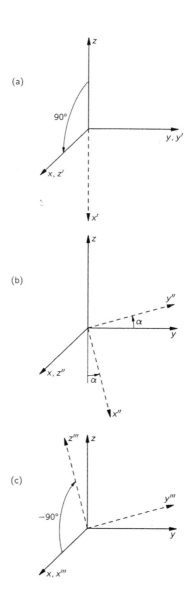

圖6-8　繞 x 軸旋轉 α 角度等於：(a) 繞 y 軸轉 +90°，接下來 (b) 繞 z' 軸
轉 α 角度，接下來 (c) 繞 y'' 軸轉 −90°。

（這些旋轉的結合，以及它們所產生的結果，很難以直覺掌握。這是相當奇怪的，因為我們住在三維空間中，但是我們很難理解，如果先這麼轉，然後再那麼轉，最後會得到什麼。或許如果我們是魚或鳥，對於在空間中翻觔斗有眞實的體認，我們就可以更容易體會這些事情。）

無論如何，讓我們用已知的公式把繞著 x 軸旋轉 α 角度的變換算出來。對於第一個繞著 y 軸旋轉 +90° 的變換來說，機率幅所遵循的是(6.32)式。把旋轉後的軸稱為 x'、y'、z' 軸，再來繞著 z' 軸旋轉 α 角度會得到 x''、y''、z'' 座標系，這時機率幅的變換是

$$C''_+ = e^{i\alpha/2}C'_+, \qquad C''_- = e^{-i\alpha/2}C'_-$$

最後繞著 y'' 軸轉 −90° 會把我們帶到 x'''、y'''、z''' 座標系；從(6.33)式可知這時機率幅的變換是

$$C'''_+ = \frac{1}{\sqrt{2}}\,(C''_+ - C''_-), \qquad C'''_- = \frac{1}{\sqrt{2}}\,(C''_+ + C''_-)$$

把最後這兩個變換結合起來，就得到

$$C'''_+ = \frac{1}{\sqrt{2}}\,(e^{+i\alpha/2}C'_+ - e^{-i\alpha/2}C'_-)$$

$$C'''_- = \frac{1}{\sqrt{2}}\,(e^{+i\alpha/2}C'_+ + e^{-i\alpha/2}C'_-)$$

將(6.32)式中的 C'_+ 與 C'_- 代入上式，我們就獲得完整的變換：

$$C'''_+ = \tfrac{1}{2}\{e^{+i\alpha/2}(C_+ + C_-) - e^{-i\alpha/2}(-C_+ + C_-)\}$$

$$C'''_- = \tfrac{1}{2}\{e^{+i\alpha/2}(C_+ + C_-) + e^{-i\alpha/2}(-C_+ + C_-)\}$$

我們可以用更簡單的形式來寫這些公式，我們只要記得

$$e^{i\theta} + e^{-i\theta} = 2\cos\theta \ \text{以及} \ e^{i\theta} - e^{-i\theta} = 2i\sin\theta$$

就得到

$$\left.\begin{array}{l} C''''_+ = \left(\cos\dfrac{\alpha}{2}\right)C_+ + i\left(\sin\dfrac{\alpha}{2}\right)C_- \\[4mm] C'''_- = i\left(\sin\dfrac{\alpha}{2}\right)C_+ + \left(\cos\dfrac{\alpha}{2}\right)C_- \end{array}\right\} \text{繞 } x \text{ 軸旋轉 } \alpha \text{ 角度} \qquad (6.34)$$

這就是繞 x 軸轉**任何** α 角度的變換公式，只是比其他變換稍微複雜一些而已。

6-6 任意旋轉

現在我們已經知道如何處理任何旋轉角度的問題了。首先請注意，任何兩個座標系的相對取向，都可以用三個角度來描述，如圖 6-9 所示。如果有一組 x'、y'、z' 軸，和 x、y、z 軸的相對取向是任意的，我們可以用三個歐拉角（Euler angle） α、β、γ 來描述兩個座標系的關係： α、β、γ 定義了三個可以把 x、y、z 座標系轉成 x'、y'、z' 座標系的一連串旋轉。

從 x、y、z 座標系開始，我們繞著 z 軸將座標系轉 β 角度，把 x 軸帶到直線 x_1；然後我繞著這個暫時的 x 軸轉 α 角度，把 z 軸帶到 z' 軸。最後，繞著新 z 軸（即 z' 軸）轉 γ 角度，就可以把 x 軸帶到 x' 軸，把 y 軸帶到 y' 軸。＊ 我們已知道每個旋轉的變換公式，即

＊原注：你只要花一點功夫就可以證明，只要利用以下對於原來座標軸的三個旋轉：(1) 繞原來 z 軸轉 γ 角度、(2) 繞原來 x 軸轉 α 角度、(3) 繞原來 z 軸轉 β 角度，就可以把 x、y、z 座標系旋轉成 x'、y'、z' 座標系。

(6.19)式與(6.34)式。將這些式子以適當順序合併在一起，就得到

$$C'_+ = \cos\frac{\alpha}{2}\, e^{i(\beta+\gamma)/2}C_+ \, + \, i\sin\frac{\alpha}{2}\, e^{-i(\beta-\gamma)/2}C_-$$

$$C'_- = i\sin\frac{\alpha}{2}\, e^{i(\beta-\gamma)/2}C_+ \, + \, \cos\frac{\alpha}{2}\, e^{-i(\beta+\gamma)/2}C_- \tag{6.35}$$

　　所以我們只要從關於空間性質的某些假設出發，就能夠推導出任何旋轉的機率幅變換公式。這意味著，如果有一個自旋 1/2 粒子可以處於任何狀態，而且我們知道它在斯特恩－革拉赫裝置 S（其軸為 x、y、z 中進入每道射束的機率幅，則我們可以計算出此粒子在座標軸為 x'、y'、z' 的 T 裝置中，進入任一道射束的機率。換句話說，如果有個狀態為 ψ 的自旋 1/2 粒子，我們知道對於 x、

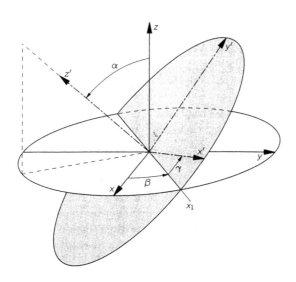

圖6-9　任何座標系 x'、y'、z' 相對於另一座標系 x、y、z 的取向，可以用三個歐拉角 α、β、γ 來定義。

y、z 座標系的 z 軸而言，粒子在「上」與「下」的機率幅分別是 $C_+ = \langle + | \psi \rangle$ 與 $C_- = \langle - | \psi \rangle$，那麼我們也會知道粒子在任何其他座標系 x'、y'、z' 中，相對於 z' 軸處於「上」與「下」的機率幅 C'_+ 與 C'_-。(6.35)式中的四個係數一般稱爲「變換矩陣」，一旦我們有了這個矩陣，就可以將自旋 1/2 粒子的機率幅投影到任何其他座標系。

我們現在來看幾個例子，以便你可以瞭解如何應用變換矩陣。我們先看以下簡單的問題：讓一個自旋 1/2 原子通過只允許(+z)狀態穿越的斯特恩—革拉赫裝置，那麼原子會進入(+x)狀態的機率是多少？+x 軸就是 x'、y'、z' 座標系的 z' 軸（將 x、y、z 座標系繞 y 軸旋轉了 90° 之後，所成爲的 x'、y'、z' 座標系），所以對於這個問題來說，最簡單的方法是利用(6.32)式，雖然你也可以使用完整的方程式(6.35)式。既然 $C_+ = 1$，$C_- = 0$，我們就得到 $C'_+ = 1/\sqrt{2}$。機率是機率幅的絕對值平方，所以粒子有百分之五十的機會，可以通過一個僅允許(+x)狀態通過的裝置。如果我們所問的是(−x)狀態的機率幅，答案就是 $-1/\sqrt{2}$，因此粒子進入(−x)態的機率是 1/2，這和你從空間的對稱所預期的答案一樣。因此，如果一個粒子是在(+z)狀態，則它進入(+x)態與(−x)態的機率是相等的，但是機率幅的相位相反。

對於 y 軸來說，情況也是這樣。一個在(+z)狀態中的粒子有 50-50 的機率會進入(+y)態或(−y)態，可是機率幅這時分別是 $1/\sqrt{2}$ 與 $-i/\sqrt{2}$（利用繞著 x 軸旋轉 −90° 的公式）；在這個例子中，兩個機率幅的相位差是 90° 而不是 180°，相位差在(+x)與(−x)的情形是 180°。事實上，這就是 x 與 y 之差異顯現的方式。

現在來看最後一個例子：假設我們知道自旋 1/2 粒子是在某個狀態 ψ，這時它的（自旋）極化方向沿著某 A 軸「向上」，A 軸是

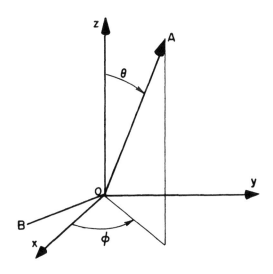

圖6-10 由極角 θ 與 ϕ 來定義 A 軸

由圖6-10的 θ 與 ϕ 角度所定義的。我們想知道粒子自旋沿著 z 軸「向上」的機率幅 $C_+ = \langle + \mid \psi \rangle$，與沿著 z 軸「向下」的機率幅 C_- $= \langle - \mid \psi \rangle$。我們可以這麼來找答案：想像 A 軸是某個系統的 z 軸，這系統的 x 軸是在某任意方向上，譬如是在 A 與原先 z 軸所形成的平面上，然後我們可以利用三次旋轉把 A 座標系轉成 x 、 y 、 z 座標系。首先，繞著 A 軸旋轉 $-\pi/2$ 角度，這時 A 座標系的 x 軸變成了圖中的 B 直線（B 與 A 、 z 軸垂直），然後繞著 B 直線（A 座標系的新 x 軸）旋轉 θ 角度，就可以把 A 轉成 z 軸。最後，繞著 z 軸旋轉 $(\pi/2 - \phi)$ 角度。你還記得我們只有相對於 A 的(+)狀態，所以我們得到

$$C_+ = \cos \frac{\theta}{2} e^{-i\phi/2}, \qquad C_- = \sin \frac{\theta}{2} e^{+i\phi/2} \qquad (6.36)$$

　　我們最後想把本章的結果，總結成以後方便使用的形式。首先，我們提醒你本章最主要的結果(6.35)式，可以用另一種記號來寫。請注意，(6.35)式和(6.4)式的意義是一樣的。也就是說，(6.35)式中 $C_+ = \langle +S \mid \psi \rangle$ 與 $C_- = \langle -S \mid \psi \rangle$ 的係數只是(6.4)式的機率幅 $\langle jT \mid iS \rangle$，$\langle jT \mid iS \rangle$ 也就是在（相對於 S 裝置的）i 狀態中的粒子、也會在（相對於 T 裝置的）j 狀態中的機率幅（T 相對於 S 的取向是以角度 α、β、γ 來描述的）。我們在(6.6)式中稱這些機率幅為 R_{ji}^{TS}。（我們有太多的記號了！）例如，$R_{-+}^{TS} = \langle -T \mid +S \rangle$ 是 C'_- 公式中 C_+ 的係數，也就是 $i \sin (\alpha/2)\, e^{i(\beta-\gamma)/2}$。因此我們可以將結果總結成一個表，就是表6-1。

表6-1　圖6-9的歐拉角 α、β、γ 所定義的旋轉的機率幅 $\langle jT \mid iS \rangle$

$$R_{ji}(\alpha, \beta, \gamma)$$

$\langle jT \mid iS \rangle$	$+S$	$-S$
$+T$	$\cos \dfrac{\alpha}{2}\, e^{i(\beta+\gamma)/2}$	$i \sin \dfrac{\alpha}{2}\, e^{-i(\beta-\gamma)/2}$
$-T$	$i \sin \dfrac{\alpha}{2}\, e^{i(\beta-\gamma)/2}$	$\cos \dfrac{\alpha}{2}\, e^{-i(\beta+\gamma)/2}$

　　有時候，把一些簡單情形的機率幅先算出來是很方便的事。令 $R_z(\phi)$ 代表繞著 z 軸轉 ϕ 角度的旋轉，我們也可以讓它代表所對應的旋轉矩陣（我們忽略掉下標 i 與 j，因為它們的意思已隱含在 R 內）。在同樣的意義之下，$R_x(\phi)$ 與 $R_y(\phi)$ 代表了繞著 x 軸或 y 軸旋轉 ϕ 角度。表6-2顯示了這些旋轉矩陣，也就是機率幅 $\langle jT \mid iS \rangle$ 的表，它們將機率幅從 S 座標系投影到 T 座標系，T 是依據所指明的旋轉從 S 轉過來的。

表6-2　繞著 z 軸、x 軸或 y 軸旋轉 ϕ 角度的旋轉 $R(\phi)$ 的機率幅 $\langle jT \mid iS \rangle$

$$R_z(\phi)$$

$\langle jT \vert iS \rangle$	$+S$	$-S$
$+T$	$e^{i\phi/2}$	0
$-T$	0	$e^{-i\phi/2}$

$$R_x(\phi)$$

$\langle jT \vert iS \rangle$	$+S$	$-S$
$+T$	$\cos \phi/2$	$i \sin \phi/2$
$-T$	$i \sin \phi/2$	$\cos \phi/2$

$$R_y(\phi)$$

$\langle jT \vert iS \rangle$	$+S$	$-S$
$+T$	$\cos \phi/2$	$\sin \phi/2$
$-T$	$-\sin \phi/2$	$\cos \phi/2$

第7章
機率幅如何隨時間變化

7-1 靜止的原子；定態

　　我們現在要稍微談一下，機率幅在不同時刻的行為。我們只能「稍微談一下」，因為不同時刻的真正行為必然會牽涉到在不同空間點的行為，因此我們如果想正確並詳細的討論，就會馬上進入最複雜的可能情況。我們永遠有個難題：要不就用嚴謹的邏輯、但卻相當抽象的方式來處理東西，不然就用不那麼嚴謹、但是卻能讓我們對於真實狀況有些瞭解的方式來討論，而將比較仔細的討論留到以後。對於**和能量的關係**而言，我們將採用第二種方式。

　　我們會陳述一些事情，但不會很嚴謹，我們只想告訴你已經發現的東西，讓你對於機率幅在不同時刻的行為有些感覺。我們的描述會愈來愈精確，所以不用緊張，覺得我們好像是在無中生有。當然，一切都是無中生有來的，都是來自人們的想像以及所做的實驗。我們如果重溫歷史的進展，會花太多時間，所以必須從某個地方切入。我們可以從抽象的數學切入，然後推導出一切的東西，但你卻無法理解，或者我們可以從很多實驗去瞭解這些敘述的正確性。我們採取了一條介於這兩個極端之間的路徑。

　　獨自在真空中的一個電子，有時候可以具有某個明確的能量；譬如說，它如果是靜止的（所以沒有平移運動，也沒有動量或動能），就有靜能量（rest energy）。像原子這樣更複雜的物體，靜止的時候也可以有明確的能量，但是它也可以被激發到另一個（**內**）能階。（我們以後會描述這種過程的細節。）

　　請複習：第 I 卷第 17 章〈時空〉，以及第 I 卷第 48 章〈拍〉。

我們常常將處在受激態中的原子看成具有明確能量，但這其實只是一種近似的講法而已。一個原子不會永遠停留在受激態，因為它會設法藉由與電磁場的交互作用將能量釋放掉。所以有某個機率幅讓一個新狀態產生出來，其中原子處於較低能的狀態，而電磁場是在更高的激發態。系統的總能量仍維持不變，但是**原子**的能量減低了。所以「一個受激原子有**明確**的能量」這種說法是不精確的；不過這麼說常常很方便，也不算錯得太離譜。

〔順帶一提，為什麼反應過程只往一個方向進行，而不會反過來進行？為什麼原子會輻射光？答案和熵（entropy）有關。當能量放在電磁場裡時，它可以有用很多不同的方式呈現，它可以漫遊到很多不同的地方，以致於我們如果尋找平衡的狀況，我們會發現最可能的情況是電磁場受激發而有一個光子，但原子進入較低能態中。我們需要等很久才會看到光子跑回來，然後再次將原子打上更高能階。這很類似於古典的問題：為什麼加速的電子會輻射？電子並不是「要」失去能量，因為事實上它在輻射時，世界的能量並沒有改變。輻射或吸收是往**熵**增加的方向進行。〕

原子核也可以存在於不同的能階中，我們如果採用將電磁場忽略掉的近似說法，就可以說處於受激態的原子核會停留在那裡。雖然我們知道它不會永遠停留在那裡，但是一開始採用這種稍微理想化、也比較容易想像的近似說法，是有好處的。在某些情況下，這常常是合法的一種近似。（當我們最初引入落體的古典定律時，我們並沒有包括摩擦，但是幾乎沒有一種情況會沒有**些許**摩擦。）

接下來有次原子核的「奇異粒子」，它們有各種質量。但是比較重的粒子會衰變成比較輕的粒子，所以再次的，我們不能說它們帶有明確的能量。只有當它們永久存在時，我們才能這麼說。因此當我們採用奇異粒子有明確能量的近似說法時，我們忽略掉它們可

能炸開來這件事。因此我們暫且故意忘記這種過程，等到以後再學習如何將這種過程考慮進來。

假設我們有個原子或電子，或任何粒子；它在靜止的時候有明確能量 E_0。我們所謂的能量 E_0 指的是整個東西的質量乘上 c^2。這個質量包括任何內能，所以一個受激原子的質量，與同一個原子處於基態時的質量不一樣。（所謂的**基**態指的是最低能量態。）我們將把 E_0 稱爲「靜能量」。

對於一個**靜止**的原子來說，在各個地方發現原子的**機率幅**是**處處相等**的，機率幅與位置**沒有**關係。這當然意味著在任何地方**發現**原子的**機率**都是一樣的。可是這還有更多的意義。機率可以和位置無關，但是**機率幅**的**相位**仍然可能處處不同。然而對於一個靜止的粒子來說，完整的機率幅是處處一樣的。可是這個機率幅卻會取決於**時間**。對於一個具有明確能量 E_0 的粒子而言，在 (x, y, z) 位置在時間 t 發現粒子的機率幅是

$$ae^{-i(E_0/\hbar)t} \qquad (7.1)$$

其中 a 是某常數。我們在空間中任意點找到粒子的機率幅，對所有的點來說都是相同的，但是此機率幅會依(7.1)式隨時間而變。我們將只會假設這條規律是正確的。

我們當然也可以將(7.1)式寫成

$$ae^{-i\omega t} \qquad (7.2)$$

在這裡

$$\hbar\omega = E_0 = Mc^2$$

其中的 M 是原子狀態或粒子的靜質量（rest mass）。我們有三種不同

的方法可以用來指明能量的大小：第一是機率幅的頻率，第二是古典概念中的能量，第三是慣量。這些都是等價的說法，它們只是以不同的方式說明同樣的事情。

你或許會覺得，一個「粒子」出現在空間各點的機率幅竟然都相等，是很奇怪的事情；畢竟我們通常會把「粒子」想像成，是位於「某個地方」的小物體。不過，請不要忘了測不準原理。一個粒子如果有明確的能量，就有明確的動量；如果動量的不準量為零，那麼不準量關係 $\Delta p\ \Delta x = \hbar$ 就告訴我們，粒子位置的不準量一定是無窮大，而那正是我們說在空間中各點找到粒子的機率幅全都一樣的意思。

如果一個原子的內部處於另一個不同能量的狀態，那麼機率幅隨著時間變化的方式會不一樣。你如果不知道原子是在哪個狀態，那麼就會有某個機率幅原子在某個狀態，也有另一個機率幅是在另一個狀態，而且每個機率幅有不同的頻率。這些不同機率幅之間會有干涉以有起伏的機率顯現出來，像拍音（beat note）那樣。原子內部會有事情「發生」，即使它是「靜止」的，也就是原子質心並沒有在漂移。不過，只要原子有明確的能量，機率幅就是(7.1)式，它的絕對值平方不會隨時間而變。因此你就看到了，如果一個東西有明確的能量，而且你去問任何**機率**問題，則答案是和時間無關的。雖然**機率幅**會隨時間而變，只要能量是**明確**的，它們就只是以虛數指數的形式變化，而絕對值不會改變。

這就是為什麼我們常常說一個處在明確能階的原子是處於**定態**（stationary state）之中。你如果測量裡頭的東西，會發現沒有東西（以機率而論）會隨時間而變。為了讓機率隨時間而變，我們必須有兩個頻率不同的機率幅相互干涉，但這意味著我們無法知道能量為何。物體會有一個機率幅處於某個能態，而有另一個機率幅處於

另一個能態。某個東西的**行為**如果會隨時間而變，以上所討論的就是量子力學對於這種情況的描述。

我們如果有個由兩個能量不同的狀態所混合起來的「狀態」，則這兩個狀態的機率幅會依據(7.2)式而變，例如

$$e^{-i(E_1/\hbar)t} \quad 以及 \quad e^{-i(E_2/\hbar)t} \tag{7.3}$$

如果這兩個機率幅以某種方式組合起來，我們就有了干涉。但是請注意，如果將一個常數加到兩個能量裡，它不會造成任何區別。如果另一個人用了別種能量標度，以致於所有的能量增加（或減少）了一個常數，比如說 A ，那麼從他的觀點看這兩個機率幅就是

$$e^{-i(E_1+A)t/\hbar} \quad 以及 \quad e^{-i(E_2+A)t/\hbar} \tag{7.4}$$

他的所有機率幅都會乘上同一個因子 $e^{-i(A/\hbar)t}$ ，而且所有的線性組合或干涉也會有相同的因子。當他取絕對值平方以得到機率時，所有的答案都會和我們的相同。我們所選擇的能量原點不會影響任何結果，因此我們可以從任何零點開始測量能量。

就相對論性的討論而言，我們最好在測量能量的時候，將靜質量包括在內，但是對於很多非相對論性的情況來說，我們最好從出現的所有能量中扣掉某個標準值。例如以原子來說，通常最好減去能量 $M_s c^2$ ，這裡的 M_s 是所有**各個**組成單元的質量，包括原子核與電子的質量，這個質量當然不同於原子質量。對於其他問題而言，或許最好從所有的能量減去 $M_g c^2$ ， M_g 是整個原子**處於基態**的質量，這麼一來，剩下的能量就只是原子的激發能（excitation energy）。所以我們有時候會減去很大的能量，來移動能量零點，但是這麼做完全不會改變結果，只要我們在特定計算中把所有的能量減去（或增加）同一個常數。我們對於一個靜止粒子的討論就到此為止。

7-2 等速運動

假設相對論是對的，某慣性座標系中靜止的粒子，從另一個慣性座標系來看是以等速運動前進。粒子的靜止座標中，對於所有 x、y、z 而言，機率幅都是相等的，但卻會隨 t 而改變。機率幅的**大小**是固定的，然而**相位**會取決於 t。我們如果想得到機率幅行為的圖像，可以將等相位的線，比方說零相位的線，以 x 與 t 的函數畫出來。如果粒子是靜止的，這些等相位線會和 x 軸平行，而且在 t 座標上的間隔是相等的，如圖 7-1 中的虛線所示。

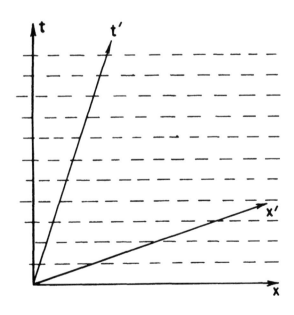

圖 7-1 （在 x-t 座標系的）靜止粒子，其機率幅的相對論性變換。

假設另一個座標系 x'、y'、z'、t'，相對於粒子在譬如說 x 方向前進，那麼空間中任何特定點的 x' 與 t' 座標，和 x 與 t 的關係就由勞侖茲變換（Lorentz transformation）來描述。我們可以畫出 x' 與 t' 軸來展示這個變換，如圖 7-1 所示。（見第 I 卷第 17 章的圖 17-2。）你可以看到在 x'-t' 座標系中，等相位的點★ 在 t' 軸上的間隔變得和以前不同，所以新座標中時間變化的頻率也就不一樣。而且現在的相位在 x' 方向上也會有變化，所以機率幅現在成了 x' 的函數。

在速度爲 v 的勞侖茲變換之下，譬如說沿著負 x 軸，時間 t 與時間 t' 的關係是

$$t = \frac{t' - x'v/c^2}{\sqrt{1 - v^2/c^2}}$$

因此，機率幅的變化現在就成爲

$$e^{-(i/\hbar)E_0 t} = e^{-(i/\hbar)(E_0 t'/\sqrt{1-v^2/c^2} - E_0 vx'/c^2\sqrt{1-v^2/c^2})}$$

它在 x'-t' 座標系中不僅會隨時間而變，而且在空間中，不同位置也會有不同的值。如果把這機率幅寫成

$$e^{-(i/\hbar)(E'_p t' - p' x')}$$

我們就看到 $E'_p = E_0/\sqrt{1-v^2/c^2}$ 是一個粒子以速度 v 前進時的古典能量，其中 E_0 是粒子的靜能量，同時 $p' = E'_p v/c^2$ 是此粒子的動量。

　　★原注：我們假設，兩個系統中相對應點的相位應該有相同的
　　　　值。但這其實是相當微妙的事，因爲在相當程度上，量子力
　　　　學機率幅的相位是任意的東西。如果要更完整解釋這個假設
　　　　爲何成立，我們的討論必須更爲詳細，其中牽涉到兩個或更
　　　　多個機率幅的干涉。

你知道 $x_\mu = (t, x, y, z)$ 以及 $p_\mu = (E, p_x, p_y, p_z)$ 是四元向量，而且 $p_\mu x_\mu = Et - \boldsymbol{p} \cdot \boldsymbol{x}$ 是一個純量。在粒子的靜止座標中，$p_\mu x_\mu$ 就等於 Et，所以如果變換到另一座標系，Et 就會被

$$E't' - \boldsymbol{p}' \cdot \boldsymbol{x}'$$

所取代。因此，一個粒子的動量等於 $\boldsymbol{p}$ 的機率幅，會正比於

$$e^{-(i/\hbar)(E_p t - \boldsymbol{p} \cdot \boldsymbol{x})} \tag{7.5}$$

其中，E_p 是動量為 p 的粒子的能量，也就是說

$$E_p = \sqrt{(pc)^2 + E_0^2} \tag{7.6}$$

其中的 E_0 與以前一樣是靜能量。對於非相對論性的問題來說，我們可以這麼寫：

$$E_p = M_s c^2 + W_p \tag{7.7}$$

其中的 W_p 是原子能量超過靜能量 $M_s c^2$ 的部分。一般而言，W_p 會包括原子的動能以及束縛能或激發能（這些可稱為原子的「內」能）。我們會這麼寫

$$W_p = W_{\text{int}} + \frac{p^2}{2M} \tag{7.8}$$

並且機率幅會成為

$$e^{-(i/\hbar)(W_p t - \boldsymbol{p} \cdot \boldsymbol{x})} \tag{7.9}$$

既然我們的計算一般而言是非相對論性的，所以我們將使用(7.9)這

個形式來表示機率幅。

請注意，我們只利用了相對論性變換，來得到一個原子在空間中運動的機率幅變化，我們並沒有用到其他假設。我們可以從(7.9)式得到機率幅的空間變化波數

$$k = \frac{p}{\hbar} \tag{7.10}$$

所以波長是

$$\lambda = \frac{2\pi}{k} = \frac{h}{p} \tag{7.11}$$

我們以前曾將某個波長用於動量爲 p 的粒子，那個波長正等於(7.11)式的波長。這個公式是由德布羅意（Louis-Victor de Broglie, 1892-1987）首先以上面的方式推導出來的。對於運動的粒子來說，機率幅變化的頻率仍然是

$$\hbar\omega = W_p \tag{7.12}$$

(7.9)式的絕對值平方只是 1，因此對於以**明確能量**在空間中運動的粒子來說，在各處找到它的機率都一樣，而且這機率不會隨時間而改變。（請注意一件重要的事：此機率幅是複數波。我們如果用了實數的正弦波，它的平方就會處處不同，但這就錯了。）

我們當然知道，有時候粒子會從一處跑到另一處，所以機率會隨位置與時間而變；我們該如何描述這種情況？我們可以這麼做：將兩個或更多個明確能態的機率幅疊加起來。我們已經在第 I 卷第48 章討論過這種狀況——甚至還討論過機率幅的情形！我們發現波數 k（即動量）與頻率 ω（即能量）相異的兩個機率幅之和會有干涉的突峰，或者說是拍（beat），以致於機率幅的平方會隨空間與時間而改變。我們也發現這些拍會以所謂的「群速度」（group velocity）

前進,群速度等於

$$v_g = \frac{\Delta\omega}{\Delta k}$$

其中的 Δk 與 $\Delta\omega$ 是兩個波的波數差與頻率差。對於更複雜的波,也就是由很多頻率幾乎相同的機率幅疊加起來的波來講,群速度是

$$v_g = \frac{d\omega}{dk} \tag{7.13}$$

既然 $\omega = E_p/\hbar$,$k = p/\hbar$,因此

$$v_g = \frac{dE_p}{dp} \tag{7.14}$$

從(7.6)式可以得到

$$\frac{dE_p}{dp} = c^2 \frac{p}{E_p} \tag{7.15}$$

但是 $E_p = Mc^2$,所以

$$\frac{dE_p}{dp} = \frac{p}{M} \tag{7.16}$$

這正是粒子的古典速度。另一方面,我們如果用非相對論性的公式,就有

$$\omega = \frac{W_p}{\hbar} \quad 與 \quad k = \frac{p}{\hbar}$$

以及

$$\frac{d\omega}{dk} = \frac{dW_p}{dp} = \frac{d}{dp}\left(\frac{p^2}{2M}\right) = \frac{p}{M} \tag{7.17}$$

這又是古典速度。

因此我們的結果就是,假如將幾個具有幾乎相同能量的純能態疊加起來,它們的干涉會導致有高有低的機率,這些「一團團」的

機率會以古典速度（具有同一能量的古典粒子的速度）穿過空間。
不過我們必須強調一件事：當我們說可以把兩個波數不同的機率幅
加起來，以得到對應於運動粒子的拍音之時，我們已經引入了新的
東西，某種不能從相對論推導出來的東西；我們說明過靜止粒子的
機率幅能夠做些什麼，然後推導出運動粒子的機率幅的行為，但是
我們**不能**從這些論證推導出，當有**兩個**波以不同速度運動時，會發
生什麼事情。我們如果讓其中一個波靜止下來，我們還是無法停止
另外一個。所以我們悄悄加進了一個**額外**的假設：不僅(7.9)式是**可
能**的解，而且同樣的系統還有具有各種 p 的其他解，同時這些不同
的項會相互干涉。

7-3 位能；能量守恆

我們現在想討論，如果粒子的能量可以改變，則會如何。我們
先考慮一個在力場中運動的粒子，這個力場可以用位勢來描述；我
們先討論固定位勢的效應。假設有個很大的金屬箱，它的靜電位
（electrostatic potential）可以提高至 ϕ，如圖 7-2 所示。如果箱子內有
帶電粒子，它們的位能就是和位置絕對無關的 $q\phi$，我們稱之為
V。這麼一來箱子內的物理不會有什麼變化，因為固定的位勢不會
對發生於箱子內的任何事情造成任何影響。

但是我們沒有可以推導出答案的辦法，所以必須猜一猜。正確
的猜測和你可能預期的差不多：以能量而言，我們必須使用位能 V
與能量 E_g 的和，也就是內能與動能的和。所以機率幅正比於

$$e^{-(i/\hbar)[(E_p+V)t-\mathbf{p}\cdot\mathbf{x}]} \tag{7.18}$$

這裡的**一般性原則**是，t 的係數，我們可以稱它為 ω，永遠是系統

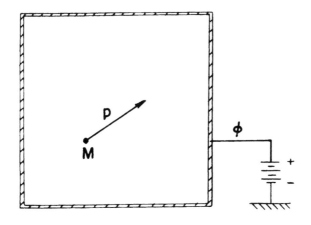

圖7-2　質量為 M、動量為 p 的粒子，位於固定位勢的區域中。

的**總能量**，也就是內能（或「質量」能）加上動能、加上位能：

$$\hbar\omega = E_p + V \tag{7.19}$$

或者是在非相對論性的情況下：

$$\hbar\omega = W_{\text{int}} + \frac{p^2}{2M} + V \tag{7.20}$$

　　但箱內的物理狀況是什麼呢？如果有幾個不同能態，我們會得到什麼？每個狀態的機率幅除了原先在 $V = 0$ 就會有的形式之外，還會有相同的額外因子

$$e^{-(i/\hbar)Vt}$$

這就好像我們能量標度的零點改變了，會讓所有機率幅的相位有相同的變化；然而我們以前已經看過，這種變更不會改變任何機率，一切的物理現象還是一樣。（我們假設所談論的是相同帶電物體的

不同狀態，所以 $q\phi$ 是固定的。如果物體從一個狀態到另一個狀態時，會改變其電荷，則我們的結果會大不一樣，但是電荷守恆禁止這種情況出現。）

到目前為止，我們（對於機率幅）的假設，和我們對於能量參考點改變之後所造成後果的預期是一致的。但如果這假設真是對的，它對於不是常值的位能來說也應該成立。一般來說，V 能夠以任意方式隨著位置與時間而改變，而且機率幅的完整結果必須用微分方程式來表示。我們現在不想去擔心一般的情形，而只想對於某些事情如何發生有些初步的瞭解，所以我們先考慮不隨時間改變、且在空間中的變化很緩慢的位勢，這樣子我們就可以比較古典和量子的情況。

考慮圖 7-3 所示的狀況，其中有兩個箱子分別有固定的位勢 ϕ_1

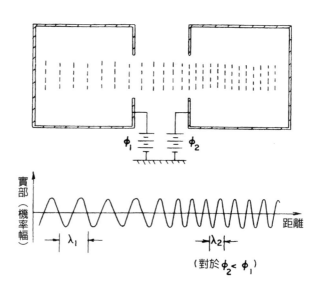

圖7-3　粒子從一個位勢跑到另一個位勢的機率幅

與 ϕ_2，同時我們假設箱子之間區域的位勢是平緩的從 ϕ_1 變成 ϕ_2。假設某個粒子有機率幅讓它可以出現於圖中任何一個區域；我們也假設粒子動量足夠大（波長夠小），使得在有相當多波長的任何小區域中，位勢幾乎是不變的。因此我們會認爲，空間中任何地方的機率幅，看起來都應該像是(7.18)式的模樣，其中的 V 是空間中那地方的 V。

我們先考慮 $\phi_1 = 0$ 這個特殊情形。這時位能等於零，而 $q\phi_2$ 是負的，因此就古典物理而言，粒子在第二個箱子中的能量較高。古典上，粒子在第二個箱子中會跑得比較快，因爲它的能量比較高，因此動量也就比較高。我們來看看量子力學如何得到相同的結果。

依照我們的假設，第一個箱子中的機率幅會與

$$e^{-(i/\hbar)[(W_{\text{int}}+p_1^2/2M+V_1)t-\boldsymbol{p}_1\cdot\boldsymbol{x}]} \tag{7.21}$$

成正比，而第二個箱子中的機率幅則是正比於

$$e^{-(i/\hbar)[(W_{\text{int}}+p_2^2/2M+V_2)t-\boldsymbol{p}_2\cdot\boldsymbol{x}]} \tag{7.22}$$

（我們假設內能並沒有改變，在兩區域中仍維持相同。）問題是：這兩個機率幅如何在箱子間的區域中連結起來？

我們將假設位勢不會隨時間而改變，因此一切的實驗條件都不會有所改變。這麼一來，我們就假設了機率幅的變化（亦即其相位的變化）在各個地方都有相同的**頻率**，因爲，這麼說吧，「介質」中沒有東西會隨時間而變。如果空間中的一切都沒有變化，我們可以認爲某區域的波在空間各個角落「產生」次要的波，全部以相同的頻率振盪，就好像穿越靜止材料的光波不會改變其頻率。如果(7.21)式與(7.22)式中的頻率是一樣的，我們一定有

$$W_{\text{int}} + \frac{p_1^2}{2M} + V_1 = W_{\text{int}} + \frac{p_2^2}{2M} + V_2 \qquad (7.23)$$

以上等式的兩邊只是古典總能量，所以(7.23)式只是在說明能量守恆而已。換句話說，能量守恆的古典敘述等價於以下量子力學的敘述：如果條件不會隨時間而改變，粒子的頻率在各處都相等。這個結論和 $\hbar\omega = E$ 的想法是完全一致的。

前面提到的特例中，$V_1 = 0$，而 V_2 是負的；(7.23)式告訴我們，p_2 比 p_1 更大，所以區域 2 中的波長比較短。我們在圖 7-3 中以虛線顯示機率幅的等相位面。我們也畫了機率幅實部的圖形，再次顯示區域 1 中的波長如何降低成區域 2 的波長。波的群速度（就是 p/M）也會減低，減低的方式和我們從古典能量守恆所預期的一致，因為古典能量守恆就只是(7.23)式罷了。

有個有趣的特別情形，那就是 V_2 變得很大，以致於 $V_2 - V_1$ 比 $p_1^2/2M$ 來得大；如此一來，p_2^2 就是**負**的，因為

$$p_2^2 = 2M\left[\frac{p_1^2}{2M} - V_2 + V_1\right] \qquad (7.24)$$

這表示 p_2 是個虛數，比方說等於 ip'。以古典物理而論，我們會認為粒子永遠不能跑進區域 2 裡，它沒有足夠的能量爬上位勢丘。但是就量子力學來說，機率幅仍然是(7.22)式的模樣，所以機率幅在空間中的變化仍然是

$$e^{(i/\hbar)p_2 \cdot x}$$

但如果 p_2 是虛數，這個空間函數就變成實數的指數函數；假設粒子最初是往 $+x$ 方向前進，那麼機率幅的變化就是

$$e^{-p'x/\hbar} \tag{7.25}$$

這個機率幅會隨著 x 的增加而快速降低。

假設位勢並不一樣的這兩個區域靠得很近,所以位能忽然從 V_1 變成 V_2,如圖 7-4(a) 所示。如果畫出機率幅的實部,就得到圖 (b) 部分的模樣。區域 1 的波所對應的是想要進入區域 2 的粒子,但是機率幅在區域 2 中急速降低。我們有一些機會可以在區域 2 中觀察到粒子,然而這機率幅非常小,除了很靠近邊界的地方之外,以古典觀點而言,粒子**永遠**不可能到達那裡。這個情況很類似於光的全內反射;光通常跑不出來,但是我們如果把某個東西放到離表面一

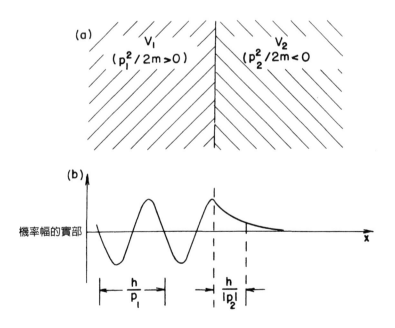

圖7-4 粒子接近強烈排斥位勢時的機率幅

兩個波長範圍內，就可以觀察到光。

　　你還記得，如果我們在很靠近（將光全部反射的）邊界之處擺了第二個表面，就能夠讓光透射到第二個材料中；對於量子力學中的粒子而言，相同的事情也會發生。如果有個很窄的區域，其中的位能 V 很大，以致於粒子的古典動能是負的，因此在古典上，粒子永遠不能通過這個區域。但是就量子力學來說，以指數形式衰退的機率幅仍可以穿過這個區域，而且會讓粒子有個很小的機率可以出現於另一邊，粒子在另一邊材料中的動能又再次是正的。整個情況如圖 7-5 所示。這個效應稱爲量子力學的「勢壘穿透」（barrier penetration）。

　　量子力學機率幅的勢壘穿透，可以解釋或描述鈾原子核的 α 粒

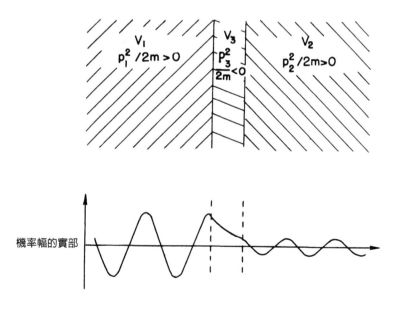

圖 7-5　機率幅穿透勢壘

子衰變。圖 7-6(a) 顯示了 α 粒子的位能函數，橫軸變數 r 是距離中心的位置。如果我們想把帶能量 E 的 α 粒子射**進**原子核中，α 粒子會感受到來自原子核電荷 z 的靜電排斥力，因此在古典上，α 粒子離開原子核的距離不可能小於 r_1，α 粒子在 r_1 的總能量等於位能 V。不過更往原子核中心靠近後，位能會小很多，因爲短程核力造成很強烈的吸引力。可是我們竟然能在放射衰變中發現帶能量 E 的 α 粒子從原子核裡頭跑出來，這究竟是怎麼一回事？答案是 α 粒子在原子核內的能量就是 E，但它們「滲過」勢壘。機率幅的模樣大

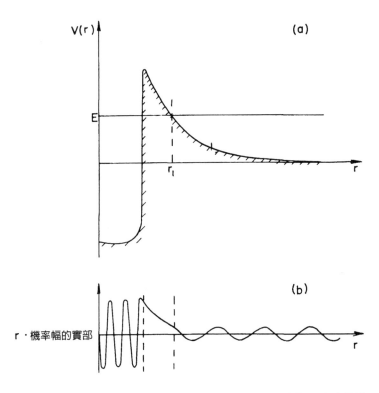

圖7-6 (a) α 粒子在鈾原子核內的位勢函數。(b) 機率幅的大致模樣。

約是如圖 7-6(b) 所示，雖然實際上的指數式衰變比所顯示的要大很多。

事實上，α 粒子在原子核內的平均壽命長達 45 億年，這實在相當驚人，因為原子核內的自然頻率極高，約每秒 10^{22} 次振盪！我們怎麼能從 10^{-22} 秒這麼短的時間，去得到像 10^9 年這麼大的數字？關鍵在於指數函數給了我們約為 10^{-45} 的極小因子，因此 α 粒子有個明確但非常低的滲漏機率。一旦 α 粒子是在原子核裡，幾乎沒有機率幅可以讓我們在原子核外找到它；但是你如果拿很多原子核，並且等得夠久，你也許有幸能發現一個跑出來的 α 粒子。

7-4 力；古典極限

假設一個粒子通過具有位勢的區域，這位勢在垂直於粒子運動的方向上有了變化；古典上，我們可以以用圖 7-7 來描述這個情況。如果粒子沿著 x 軸前進，然後進入一個區域，其中的位勢會隨著 y 而變，因此粒子會受到力 $F = -\partial V/\partial y$ 而有橫向加速度。如果粒子只在寬度為 w 的有限範圍中會受到力，則粒子受力的時間只有 w/v。粒子會獲得橫向動量

$$p_y = F \frac{w}{v}$$

那麼粒子偏轉的角度 $\Delta\theta$ 就等於

$$\delta\theta = \frac{p_y}{p} = \frac{Fw}{pv}$$

其中的 p 是初始動量。既然 $F = -\partial V/\partial y$，我們就得到

$$\delta\theta = -\frac{w}{pv}\frac{\partial V}{\partial y} \tag{7.26}$$

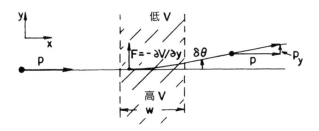

<u>圖 7-7</u> 粒子由於橫向位勢梯度而偏轉

我們曾說過波是以(7.20)式的形式前進，現在來看看我們能不能從這個點子推導出同樣的結果。我們用量子力學的角度來看同樣的問題，假設所有東西的尺度都遠大於我們機率幅的波長。在任何小區域中，我們可以說機率幅以

$$e^{-(i/\hbar)[(W+p^2/2M+V)t-\boldsymbol{p}\cdot\boldsymbol{x}]}$$ (7.27)

的形式在變化。我們能夠看得出來如果 V 有橫向梯度，則粒子會偏轉嗎？我們在次頁的圖 7-8 中畫出了機率幅波的大致模樣，我們畫出了一組「波節」，你可以將它們看成是機率幅相位等於零的地方。在任何小區域內，波長（相鄰波節的距離）是

$$\lambda = \frac{h}{p}$$

其中的 p 和 V 的關係是

$$W + \frac{p^2}{2M} + V = 定值$$ (7.28)

在 V 比較大的區域中，p 會比較小，因此波長較長；所以波節的角

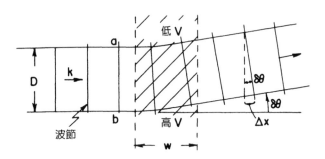

圖 7-8　在有橫向位勢梯度的區域中的機率幅

度會如圖中所示般的改變。

　　如果要找出波節角度的變化，我們得注意到對於圖 7-8 的 a 路徑與 b 路徑之間位勢的差距等於 $\Delta V = (\partial V/\partial y)D$，所以沿著這兩條路徑的動量就不相等，其差 Δp 可以得自(7.28)式：

$$\Delta\left(\frac{p^2}{2M}\right) = \frac{p}{M}\,\Delta p = -\Delta V \tag{7.29}$$

因此沿著這兩條路徑的波數 $p/\hbar$ 也就不一樣，這代表相位是以不同的速率往前推進。相位增加速率的差別是 $\Delta k = \Delta p/\hbar$，所以距離 w 內所累積的總相位差是

$$\Delta\,(相位) = \Delta k \cdot w = \frac{\Delta p}{\hbar} \cdot w = -\frac{M}{p\hbar}\,\Delta V \cdot w \tag{7.30}$$

上面的值是當波離開圖 7-8 斜線區域時，b 路徑上的相位「領先」a 路徑上相位的大小。但是在斜線區域之外，相位領先這麼多的情況對應於波節領先這麼多：

$$\Delta x = \frac{\lambda}{2\pi} \Delta(\text{相位}) = \frac{\hbar}{p} \Delta(\text{相位})$$

或是說

$$\Delta x = -\frac{M}{p^2} \Delta V \cdot w \qquad (7.31)$$

依據圖 7-8，新的波前會在 $\delta\theta$ 角度上，$\delta\theta$ 與 Δx 的關係是

$$\Delta x = D \, \delta\theta \qquad (7.32)$$

所以我們就有

$$D \, \delta\theta = -\frac{M}{p^2} \Delta V \cdot w \qquad (7.33)$$

這和(7.26)式相同，只要我們用 p/M 來取代 v，並且用 $\Delta V/D$ 來取代 $\partial V/\partial y$。

　　只要位勢變化是緩慢且平滑的，也就是我們所謂的**古典極限**，那麼我們的結果就是正確的。我們已經證明了，在這種條件之下，我們所得到的粒子運動會和從 $F = ma$ 所得到的一樣，只要我們假設位勢對於機率幅相位的貢獻等於 $Vt/\hbar$。**在古典極限之下，量子力學會和牛頓力學有一樣的結果。**

7-5　自旋 1/2 粒子的「進動」

　　請注意，我們並沒假設位能有任何特殊之處，我們只是把位能當成將其微分後就可得到力的能量。例如，斯特恩－革拉赫實驗中

的能量等於 $U = -\boldsymbol{\mu} \cdot \boldsymbol{B}$，如果 $\boldsymbol{B}$ 有空間上的變化，U 就會使得粒子受力。如果我們想用量子力學來描述，我們會說一道射束中的粒子有個以某一種方式變化的能量，而另一道射束的粒子則有相反的能量變化。（我們可以把磁能 U 放進位能 V 或「內」能 W 裡頭；這不會造成任何影響。）因為能量的變化，波會折射，因而射束會向上或向下偏轉。（我們現在看到了，量子力學所得到的偏轉與從古典力學計算所得到的結果一樣。）

我們也會從機率幅與位能的關係預期以下的結果：如果有個粒子位於沿著 z 軸的均勻磁場中，它的機率幅必定依據以下的關係隨時間而改變：

$$e^{-(i/\hbar)(-\mu_z B)t}$$

（事實上，我們可以把這當成 μ_z 的定義。）換句話說，如果把粒子放在均勻磁場中一段時間 τ，它的機率幅會等於沒有磁場時的機率幅乘以

$$e^{-(i/\hbar)(-\mu_z B)\tau}$$

既然對於自旋 1/2 粒子來說，μ_z 可以等於 $+\mu$ 或 $-\mu$，因而均勻磁場中的兩種可能狀態會有以方向相反但速率變化相同的相位。這兩個相位會乘上

$$e^{\pm(i/\hbar)\mu B\tau} \tag{7.34}$$

這個結果有一些有趣的後果。假設我們有一個自旋 1/2 粒子，它所處的狀態是某個不是純自旋向上或自旋向下的狀態。我們可以用處於純向上或純向下狀態的機率幅來描述粒子狀態，但是在磁場內，這兩個狀態有以不同速率變化的相位。所以，如果我們問關於

機率幅的一些問題，答案會取決於粒子在磁場中待了多久。

　　舉個例子，考慮緲子在磁場中衰變。當緲子從 π 介子衰變產生出來時，它們是極化的緲子（換句話說，它們的自旋會指向某個方向）。接下來緲子本身也會衰變，平均約在 2.2 微秒內發射出電子與兩個微中子：

$$\mu \rightarrow e + \nu + \bar{\nu}$$

事實上，在這個衰變中（起碼在最高能量的情形下），電子出來的方向大半與緲子的自旋方向相反。

　　在這情況下，假設我們考慮圖 7-9 所示的實驗安排。如果極化緲子從左邊進入，然後在 A 處的材料中靜止下來，它們過一陣子之後會衰變。射出的電子一般而言，會向所有可能方向跑去。不過，假設所有進入（A 處的）過止材塊中的緲子都有指向 x 方向的自旋；在沒有磁場的情況下，衰變方向會有某種角分布，我們想知道如果將磁場加進來，衰變角分布會如何改變？我們預期它會以某種

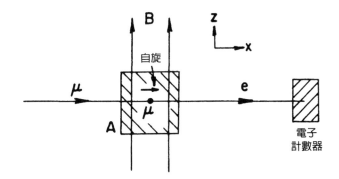

<u>圖 7-9</u>　緲子衰變實驗

方式隨著時間而變。我們只要求得緲子在任何時刻會處於(+x)狀態的機率幅，就能找出答案。

我們可以這麼敘述問題：我們知道一個緲子在 $t = 0$ 時的自旋是指向 $+x$ 方向，它在時間 τ 仍會處於同一狀態的機率幅是什麼？一個自旋 1/2 粒子如果位於與自旋方向垂直的磁場中，我們沒有任何法則可以知道它在這種情況下的行為；但是我們的確知道，如果自旋方向與磁場平行或反平行（即自旋在沿著磁場方向是向上或向下）時會發生什麼事，它們的機率幅會乘以(7.34)式這個因子。因此我們的步驟就是選擇一種表示法，其中的基底狀態是自旋沿著 z 方向（磁場方向）向上與向下的狀態，那麼任何問題的答案，就可以用這些狀態的機率幅來表示。

假設 $\psi(t)$ 代表緲子狀態。它進入材塊 A 時的初始狀態是 $\psi(0)$，而我們想知道在爾後時刻 τ 的狀態 $\psi(\tau)$。我們如果用(+z)與(−z)來代表兩個基底狀態，就會知道機率幅 $\langle +z \mid \psi(0)\rangle$ 與 $\langle -z \mid \psi(0)\rangle$，我們之所以知道這些機率幅的原因是，我們知道 $\psi(0)$ 代表了自旋在(+x)狀態。我們從上一章的結果，可知這些機率幅是★

$$\langle +z \mid +x \rangle = C_+ = \frac{1}{\sqrt{2}}$$

以及 (7.35)

$$\langle -z \mid +x \rangle = C_- = \frac{1}{\sqrt{2}}$$

★原注：你如果跳過了第 6 章，就暫時接受(7.35)式，把它當成是未經推導的規則。我們以後（在第 10 章）會更完整的討論自旋進動（spin precession），包括推導出這些機率幅。

這兩項機率幅剛好相等。既然這些機率幅所指的是 $t = 0$ 時的狀況，我們就稱之為 $C_+(0)$ 與 $C_-(0)$。

我們已經知道這兩個機率幅接下來會如何隨時間而變，只要利用(7.34)式，就可得

$$C_+(t) = C_+(0)e^{-(i/\hbar)\mu B t}$$

與 (7.36)

$$C_-(t) = C_-(0)e^{+(i/\hbar)\mu B t}$$

一旦我們知道了 $C_+(t)$ 與 $C_-(t)$，我們就知道了在 t 時刻一切可以知道的事情。唯一的麻煩是，我們所想要知道的是在 t 時刻自旋會指向 $+x$ 方向的機率。不過我們學過的一般性規則可以處理這個問題。我們可以寫下自旋在$(+x)$狀態的機率幅，我們稱它為 $A_+(t)$：

$$\begin{aligned} A_+(t) &= \langle +x \mid \psi(t)\rangle \\ &= \langle +x \mid +z\rangle\langle +z \mid \psi(t)\rangle + \langle +x \mid -z\rangle\langle -z \mid \psi(t)\rangle \end{aligned}$$

或

$$A_+(t) = \langle +x \mid +z\rangle C_+(t) + \langle +x \mid -z\rangle C_-(t) \qquad (7.37)$$

我們再次利用上一章的結果，或者利用第 5 章的等式 $\langle \phi \mid \times \rangle = \langle \times \mid \phi \rangle^*$ 更佳，就可得到

$$\langle +x \mid +z\rangle = \frac{1}{\sqrt{2}}, \qquad \langle +x \mid -z\rangle = \frac{1}{\sqrt{2}}$$

這麼一來，我們就知道了所有出現在(7.37)式的量，而得到

$$A_+(t) = \tfrac{1}{2}e^{(i/\hbar)\mu B t} + \tfrac{1}{2}e^{-(i/\hbar)\mu B t}$$

或

$$A_+(t) = \cos \frac{\mu B}{\hbar} t$$

這是一個特別簡單的結果！請注意，這個答案與我們對於 $A_+(0)$ 的預期一致，我們得到正確的 $A_+(0)=1$，因為我們假設了緲子在 $t = 0$ 時是處於$(+x)$狀態。

在 t 時刻找到緲子處於$(+x)$狀態的機率 P_+ 等於$(A_+)^2$，也就是

$$P_+ = \cos^2 \frac{\mu B t}{\hbar}$$

這個機率會在 0 與 1 之間振盪，如圖 7-10 所示。請注意，機率在 $\mu Bt/\hbar = \pi$（**而非** 2π）時會回到 1。因為我們取了餘弦函數的平方，所以機率振盪的頻率是 $2\mu B/\hbar$。

所以，我們發現了，圖 7-9 的電子計數器中捕獲電子的機率，會隨著緲子在磁場中的時間有週期性變化，頻率則取決於磁矩 μ。事實上，緲子的磁矩就是用這種方式去量出來的。

我們當然可以用同樣的方法去回答任何和緲子衰變有關的問題。譬如說，在與 x 方向垂直但也與磁場垂直的 y 方向上，偵測到

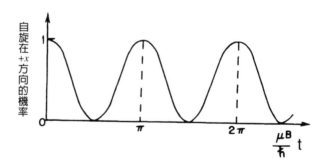

圖7-10 自旋 1/2 粒子會處於$(+x)$態的機率，隨時間改變的情況。

衰變電子的機率會如何隨時間 t 而改變？你如果把答案算出來，會發現處在(+y)態的機率幅於時間上的變化是 $\cos^2\{(\mu Bt/\hbar)-\pi/4\}$，這種機率幅振盪的週期與以前一樣，但是會晚四分之一週期才抵達最高值，這時 $\mu Bt/\hbar = \pi/4$。事實上，隨著時間向前推進，緲子會經過一連串的狀態，這些狀態對應到完全極化狀態，而極化方向連續繞著 z 軸旋轉。我們可以這樣描述：**自旋在進動**，進動頻率是

$$\omega_p = \frac{2\mu B}{\hbar} \tag{7.38}$$

你可以開始看出來，當我們描述事情在時間上的行為時，我們的量子力學描述所會採用的形式。

The Feynman 閱讀筆記

閱　讀　筆　記

The Feynman 閱讀筆記

閱 讀 筆 記

The Feynman

閱 讀 筆 記

閱　讀　筆　記

The Feynman 閱讀筆記

國家圖書館出版品預行編目資料

費曼物理學講義. III, 量子力學. 1：量子行為 / 費曼
(Richard P. Feynman), 雷頓(Robert B. Leighton), 山德
士(Matthew Sands)著；高涌泉譯. -- 第二版. -- 臺北市
: 遠見天下文化, 2018.04
　　面；　公分. --（知識的世界；1227）
譯自：The Feynman lectures on physics, new millenni-
um ed., volume III
ISBN 978-986-479-437-9（平裝）

1.物理學 2.量子力學

330　　　　　　　　　　　　　　　107005798

知識的世界 1227

費曼物理學講義 III——量子力學
(1)量子行為

原　　著/費曼、雷頓、山德士
譯　　者/高涌泉
顧 問 群/林和、牟中原、李國偉、周成功

總編輯/吳佩穎
編輯顧問/林榮崧
責任編輯/徐仕美　　特約校對/楊樹基
美術編輯暨封面設計/江儀玲

出 版 者/遠見天下文化出版股份有限公司
創 辦 人/高希均、王力行
遠見・天下文化 事業群榮譽董事長/高希均
遠見・天下文化 事業群董事長/王力行
天下文化社長/王力行
天下文化總經理/鄧瑋羚
國際事務開發部兼版權中心總監/潘欣
法律顧問/理律法律事務所陳長文律師　　著作權顧問/魏啓翔律師
社　　址/台北市 104 松江路 93 巷 1 號 2 樓
讀者服務專線/（02）2662-0012　　傳真/（02）2662-0007；2662-0009
電子信箱/cwpc@cwgv.com.tw
直接郵撥帳號/1326703-6 號 遠見天下文化出版股份有限公司

電腦排版/極翔企業有限公司
製 版 廠/東豪印刷事業有限公司
印 刷 廠/中原造像股份有限公司
裝 訂 廠/中原造像股份有限公司
登 記 證/局版台業字第 2517 號
總 經 銷/大和書報圖書股份有限公司　電話/（02）8990-2588
出版日期/2006 年 4 月 18 日第一版第 1 次印行
　　　　　2024 年 3 月 26 日第二版第 6 次印行

定　　價/400 元
原著書名/**THE FEYNMAN LECTURES ON PHYSICS: The New Millennium Edition, Volume III**
by Richard P. Feynman, Robert B. Leighton and Matthew Sands
Copyright ©1965, 2006, 2010 by California Institute of Technology,
 Michael A. Gottlieb, and Rudolf Pfeiffer
Complex Chinese translation copyright © 2006, 2012, 2016, 2018 by Commonwealth Publishing
Co., Ltd., a member of Commonwealth Publishing Group
Published by arrangement with Basic Books, a member of Perseus Books Group
through Bardon-Chinese Media Agency
博達著作權代理有限公司
ALL RIGHTS RESERVED

ISBN:978-986-479-437-9（英文版 ISBN: 978-0-465-02501-5）

書號：BBW1227

天下文化官網　bookzone.cwgv.com.tw

※本書如有缺頁、破損、裝訂錯誤，請寄回本公司調換。